8° R
14554.

G. Mariaud

Préparation à l'École S^t^-CYR

Chimie

Librairie Ch. DELAGRAVE

8°

114534

G. Mariaud

Préparation

à

l'École St-CYR

Chimie

COULOMMIERS
Imprimerie PAUL BRODARD.

Préparation à l'École St-CYR

Chimie

PAR G. MARIAUD
Licencié ès sciences mathématiques, licencié ès sciences physiques
Directeur des études à l'École préparatoire Saint-Georges
Professeur à l'Institut commercial

PARIS
LIBRAIRIE CH. DELAGRAVE
15, RUE SOUFFLOT, 15

1897

Ce *cours* est exclusivement destiné aux candidats à l'École spéciale militaire de *Saint-Cyr*. Ils y trouveront, traitées dans l'ordre même du programme, toutes les connaissances exigées d'eux. Les *antiseptiques* et les *désinfectants*, qui forment une partie à part dans la chimie, ont été rédigés avec le plus grand soin. Enfin quelques notions qui ne sont pas explicitement désignées par le programme et qu'il est nécessaire de connaître sont mises à la fin de l'ouvrage, dans un très court appendice.

G. M.

Une deuxième édition modifiée, s'il y a lieu, d'après les examens oraux, paraîtra en novembre prochain.

PRÉPARATION

A

L'ÉCOLE SAINT-CYR

COURS DE CHIMIE

§ I

PRÉLIMINAIRES

1. Distinction entre les phénomènes physiques et les phénomènes chimiques.

1er exemple.

Considérons une barre de fer. Soumise à l'action de la chaleur, elle s'allonge : son poids ne varie pas; la dilatation est un phénomène physique, et l'action de la chaleur cessant, la barre reprend sa longueur primitive.

Soumise à l'influence de l'air humide, cette barre se recouvre d'un corps rougeâtre, friable, qu'on appelle rouille.

On dit que le fer s'est oxydé; son poids a augmenté.

L'oxydation est un phénomène chimique et l'action de l'air humide cessant, la rouille persiste.

2e exemple.

Prenons du soufre. Chauffons-le dans un creuset, il fond; prolongeons l'action de la chaleur, il se réduit en vapeurs.

En passant de l'un à l'autre de ces états, le poids n'a pas varié : la fusion, l'évaporation, la solidification, sont des phénomènes physiques.

Allumons du soufre fortement chauffé; il brûle avec une flamme bleue, produit un gaz à odeur caractéristique, l'anhydride sulfureux. Son poids est supérieur au poids du soufre employé.

Donc la variation de poids qui accompagne toujours les phénomènes chimiques, les distingue des phénomènes physiques.

2. Corps composés. Corps simples.

Prenons de la céruse (carbonate de plomb du commerce).

Chauffons-la (fig. 1); il se dégage un gaz, qui éteint les corps en combustion : c'est l'anhydride carbonique.

Il reste dans le tube un corps jaunâtre : c'est la litharge ou oxyde de plomb.

La céruse a donné naissance à d'autres corps dont les propriétés sont différentes des siennes.

La céruse est un corps composé.

Prenons de l'**oxyde rouge de mercure.**

Chauffons-le il se dégage un gaz rallumant une allumette ayant des points en ignition : c'est l'**oxygène.**

Il reste sur les parois du tube un corps brillant, liquide : c'est le mercure.

Fig. 1. — Décomposition de la céruse par la chaleur.

L'oxyde de mercure a donné naissance à des corps bien différents : c'est un corps composé. Donc un corps composé résulte de la combinaison de plusieurs autres corps.

Prenons du phosphore, du cuivre, du fer...

Nous ne pourrons jamais (avec les procédés actuels de la chimie) retirer de ces corps autre chose que du phosphore, du cuivre, du fer : ces corps sont des **corps simples.**

Donc un corps simple est un corps que les procédés actuels de la chimie n'ont pu décomposer en d'autres corps.

3. Analyse. Synthèse.

Analyser un corps, c'est en déterminer les éléments en les séparant les uns des autres.

Quand on ne cherche que la **nature** des corps simples qui constituent un corps composé, on fait une **analyse qualitative.**

Si l'on détermine les **poids relatifs**, c'est une **analyse quantitative.**

Exemple : prenons un voltamètre, vase de verre C dont le fond est traversé par deux lames de platine (fig. 2). Remplissons-le d'eau acidulée.

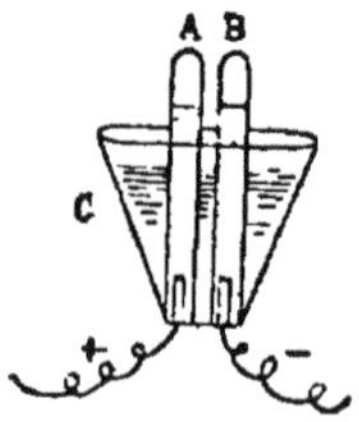

Recouvrons les deux lames avec deux éprouvettes A et B pleines d'eau.

Mettons les lames de platine en communication avec les pôles d'une pile.

Fig. 2. — Analyse de l'eau.

Quand le courant passe, des bulles de gaz apparaissent au sommet des éprouvettes. Le gaz qui se dégage autour de la lame négative B a un volume double de celui qui se dégage autour de la lame positive A.

Le premier est de l'**hydrogène**, le second de l'**oxygène.**

Nous avons analysé l'eau. Cette analyse qualitative et quantitative montre qu'elle est un corps composé de deux gaz, oxygène et hydrogène, et que deux volumes d'hydrogène sont combinés à un volume d'oxygène.

Faire la synthèse d'un corps composé, c'est obtenir ce corps en combinant ceux qui le constituent.

Nous avons fait (I) la synthèse de l'anhydride sulfureux.

En faisant brûler du phosphore à l'air, on effectue la synthèse de l'**anhydride phosphorique.**

Remarque. — L'examen des corps qui se trouvent à la surface de la terre a révélé l'existence de 65 corps simples, qu'on a divisés en deux grandes classes : **métalloïdes** et **métaux.**

Pour comprendre cette distinction (due à Berzélius), disons que certains corps, comme le carbone, le soufre... donnent en brûlant à l'air des composés **oxygénés** appelés **anhydrides**, qui, combinés avec l'eau, donnent des composés hydrogénés nommés acides, parce que, comme le vinaigre, ils ont une saveur piquante et rougissent la teinture bleue de tournesol.

Ces corps sont les **métalloïdes**.

D'autres corps comme le potassium, le sodium, donnent toujours avec l'oxygène un ou plusieurs composés appelés **bases** ou **oxydes basiques**, qui neutralisent les propriétés des acides, ramènent au bleu la teinture de tournesol rougie par un acide, et verdissent le sirop de violettes.

Ces corps sont les **métaux**.

Sauf le mercure et l'hydrogène, les métaux sont solides à la température ordinaire. Ils possèdent un éclat particulier, appelé **éclat métallique** (quelques métalloïdes le possèdent aussi). Ils sont bons conducteurs de la chaleur et de l'électricité.

Les métaux ne possèdent ces qualités que récemment fondus et en masse compacte.

L'étude des métalloïdes et des métaux a conduit à les classer par **familles**.

Donnons cette classification, avec le **symbole** qui sert à représenter ces corps, dans les équations chimiques. (*L'étude des corps en gros caractères est exigée du programme.*)

Métaux.

MONOVALENTS	DIVALENTS		TRIVALENTS	TÉTRAVALENTS	PENTAVALENTS
Potassium. K.	Calcium. Ca.	Cuivre. Cu.	Or. Au.	Platine. Pt.	Bismuth. Bi.
Sodium. Na.	Baryum. Ba.	Mercure. Hg.	Thallium. Tl.	Palladium. Pd.	Uranium. Ur.
Argent. Ag.	Strontium. Sr.	Aluminium. Al.	Indium. In.	Zirconium. Zr.	Tantale. Ta.
Lithium. Li.	Magnésium. Mg.	Glucinium. Gl.		Titane. Ti.	Niobium. N.
Cæsium. Cs.	Cerium. Ce.	Manganèse. Mn.		Etain. Sn.	Vanadium. Va.
Rubidium. Ru.	Lanthane. La.	Fer. Fe.		Thorium. Th.	
	Didyme. Di.	Chrome. Cr.		Molybdene. Mo.	
	Yttrium. Yt.	Nickel. Ni.		Tungstène. Tu.	
	Erbium. Er.	Cobalt. Co.		Iridium. Ir.	
	Zinc. Zn.	Plomb. Pb.		Osmium. Os.	
	Cadmium. Cd.			Rhodium. Rh.	
				Ruthenium. R.	

Métalloïdes.

MONOVALENTS	BIVALENTS	TRI-VALENTS	TÉTRAVALENTS	PENTIVALENTS
Hydrogène. H. Fluor. Fl. Chlore. Cl. Brome. Br. Iode. I.	Oxygène. O. Soufre. S. Sélénium. Se. Tellure. Te.	Bore. B.	Carbone. C. Silicium. Si.	Azote. Az. (parfois tri-valent). Phosphore. P. Arsenic. As. Antimoine. Sb.

Quelques-uns des métaux ont été désignés ainsi :

Potassium. Sodium. Lithium. Cæsium. Rubidium.	Métaux alcalins.	Baryum. Strontium. Calcium.	Métaux alcalino-terreux.
Magnésium. Manganèse.	Métaux terreux.	Or. Argent. Platine.	Métaux précieux.

4. Cristallisation.

Quand un corps liquide ou gazeux passe à l'état solide, il prend souvent des formes **régulières**, géométriques, appelées **cristaux**.

Modes de cristallisation :

VOIE SÈCHE, VOIE HUMIDE

Par voie sèche, on opère **par fusion** ou **par sublimation**.

Exemple par fusion :

Soumettons du soufre dans un creuset, à l'action de la chaleur, dans un fourneau à réverbère.

Fig. 3.—Cristallisation du soufre.

Le soufre fond ; retirons le creuset, la couche supérieure du soufre liquide en contact avec l'air se solidifie la première.

Si on perce deux trous dans cette couche solide, et si on fait écouler le soufre encore fondu par une de ces ouvertures, l'air pénètre par la deuxième.

Enlevons la croûte solide :

Les parois du creuset sont recouvertes d'une couche de soufre amorphe tapissée d'aiguilles d'un jaune clair.

On cristallise ainsi le bismuth et presque tous les métaux.

Exemple par sublimation.

Des fragments de camphre, soumis à l'action de la chaleur, dans une fiole à fond plat, se subliment :

Fig. 4. — Cristallisation du camphre.

Sur les parois froides, apparaissent des formes cristallines, dues à la condensation des vapeurs du camphre.

Ces vapeurs ont passé à l'état solide, sans passer par l'état liquide.

Par voie humide.

Deux méthodes : dissolution et refroidissement ou dissolution et évaporation.

Le premier procédé sert pour les corps plus solubles à chaud qu'à froid (exemple : l'alun).

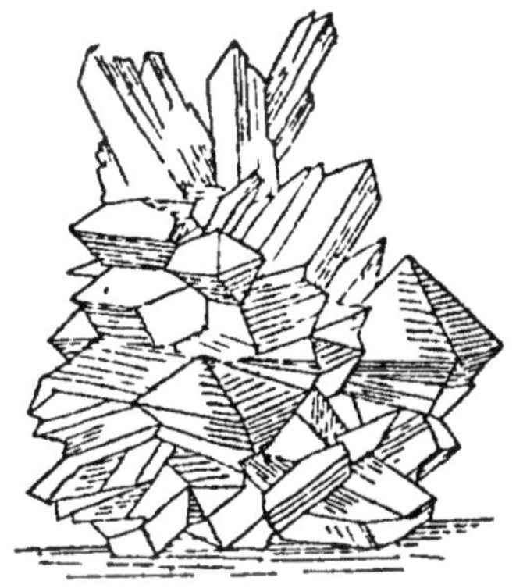

Fig. 4 *bis*. — Groupe de cristaux d'alun.

En se refroidissant, la dissolution laisse déposer le corps sous formes cristallines.

Le deuxième procédé sert pour les corps aussi solubles à froid qu'à chaud (exemple : le sel marin).

L'eau n'est pas nécessairement le dissolvant toujours employé.

Le fer en fusion dissout le carbone; l'anhydride borique dissout l'alumine.

5. Systèmes cristallins.

Ce sont l'ensemble des formes qui se déduisent d'un même solide (solide primitif) par des troncatures sur les sommets et sur les arêtes.

La **loi d'Haüy** a permis de classer en sept systèmes toutes les formes cristallines.

Loi d'Haüy.

Toutes les fois qu'un élément géométrique de la forme type, se modifie d'une certaine manière, tous les autres éléments physiquement et géométriquement identiques, se modifient de la même manière.

Les systèmes cristallins sont :

1° **Le système cubique.**

Exemple : sel marin, alun (3 axes rectangulaires égaux).

2° **Le système quadratique.**

Exemple : oxyde d'étain (3 axes rectangulaires égaux).

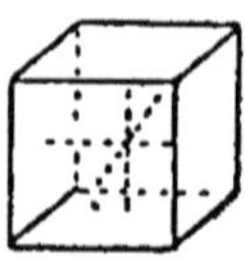

Cube (sel marin).

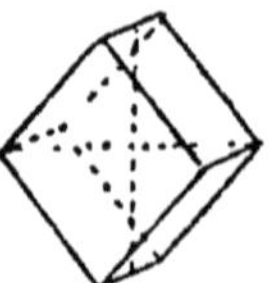

Rhomboèdre (spath d'Islande).

Fig. 5.

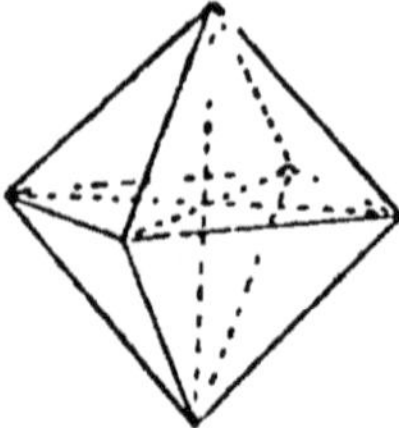

Octaèdre régulier (alun).

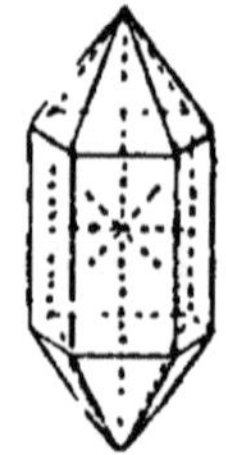

Prisme hexagonal.

Fig. 5 *bis*.

3° **Le système orthorhombique.**

Exemple : soufre natif (3 axes rectangulaires non identiques).

4° **Le système hexagonal.**

Exemple : cristal de roche (4 axes, trois identiques faisant des angles de 60°, le quatrième perpendiculaire au plan des trois autres).

5° **Le système rhomboédrique.**

Exemple : spath d'Islande.

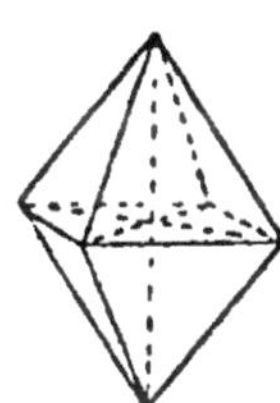
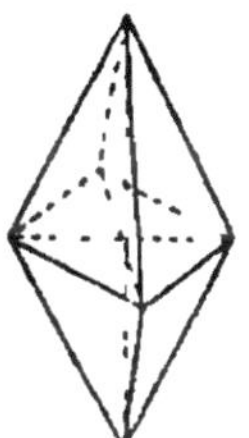

Fig. 5 *ter*.
Octaèdre orthorhombique (soufre natif).

6° **Le système clinorhombique.**

Exemple : soufre cristallisé à 112° (3 axes non

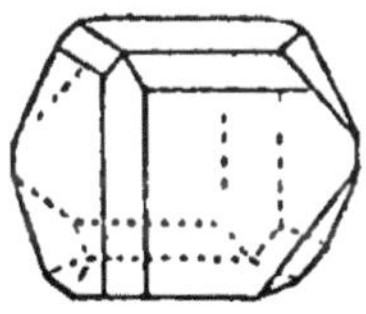
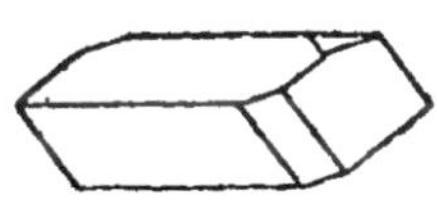

Fig. 5 *quater*.
Prisme clinorhombique. Prisme triclinique.

identiques, deux obliques entre eux, le troisième perpendiculaire au plan des deux autres).

7° **Le système triclinique.**

Exemple : sulfate de cuivre à 5 molécules d'eau (forme du parallélipipède obliquangle).

6. Angles dièdres.

Si toutes les faces d'un cristal ne sont pas également développées, on reconnaît le système auquel appartient ce cristal à un élément constant : l'angle dièdre formé par les faces.

La physique donne des procédés optiques pour mesurer rigoureusement cet angle (méthode du goniomètre).

7. Dimorphisme.

Un corps qui cristallise dans deux systèmes différents est dimorphe.

Pour qu'il en soit ainsi, le corps doit être placé dans des conditions différentes :

Le soufre cristallise dans le système orthorhombique ou dans le système clinorhombique, selon qu'on le dissout dans le sulfure de carbone ou qu'on le fond à 112°.

Le bioxyde de titane est polymorphe; il cristallise dans plus de trois systèmes.

8. Isomorphisme.

Découvert par Mitscherlich en 1819.

On appelle isomorphes les corps qui, cristallisant dans le même système, peuvent entrer en proportions variables dans le même cristal.

Exemple : alun de chrome et alun ordinaire.

Loi de Mitscherlich.

Les corps isomorphes ont des constitutions chimiques semblables.

Exemples.

Les silicates, les carbonates, isomorphes ont des constitutions chimiques semblables.

9. Combinaisons.

Il y a combinaison entre deux ou plusieurs corps s'ils s'unissent de manière à former un nouveau corps homogène, dont les propriétés diffèrent de celles des corps qui le constituent.

Le sulfure de carbone (CS^2) est une combinaison ; l'eau (H^2O) également.

Pour qu'il y ait combinaison, il faut qu'il y ait contact intime entre les particules de ces corps ; pour cela, très souvent, on les réduit en poudre.

10. Distinction entre le mélange et la combinaison.

Dans le mélange les propriétés caractéristiques de chaque corps se conservent ; dans la combinaison, elles sont remplacées par des propriétés nouvelles.

Dans le mélange, on peut, par des moyens physiques ou mécaniques, séparer les corps, dans la combinaison non.

Dans le mélange, les corps peuvent entrer en

proportions quelconques, dans la combinaison non.

Dans le mélange, aucun phénomène thermique ne se produit; dans les combinaisons, il y a toujours dégagement ou absorption de chaleur.

11. Réactions exothermiques.

Celles qui se produisent avec dégagement de chaleur.

Exemple : versons dans un flacon, plein de chlore (Cl), de l'arsenic (As) en poudre; on a une réaction exothermique; ou bien combinons sous l'influence des rayons solaires ou de la flamme du Mg (magnésium) des volumes égaux de chlore (Cl) et d'hydrogène (H).

12. Réactions endothermiques.

Celles qui se produisent avec absorption de chaleur.

Un corps formé avec dégagement de chaleur, se décompose avec absorption de la même quantité de chaleur (réact. endotherm.).

La chaleur dégagée dans une réaction n'est pas toujours sensible pour nos sens, mais elle peut toujours être mesurée quand on se place dans des conditions convenables.

Il y a des corps composés formés par une réaction endothermique. Leur décomposition est exothermique.

Exemple : le chlorure d'azote ($Az\ Cl^3$); ces corps sont dits explosifs.

13. Influence des causes physiques sur les combinaisons.

Le contact intime, nécessaire, n'est pas suffisant pour les combinaisons.

La température exerce une grande influence, l'oxygène (O) et l'hydrogène (H) ne se combinent qu'à 600° environ, (SO^4H^2) acide sulfurique, (NaOH) soude à — 80°.

Fig. 6 *bis*. — Influence de la compression pour les combinaisons.

Il suffit, pour effectuer la combinaison, de porter un point de ces corps à la température nécessaire.

La fusion, la dissolution, la compression, la condensation dans les corps poreux, la lumière, l'électricité facilitent les combinaisons.

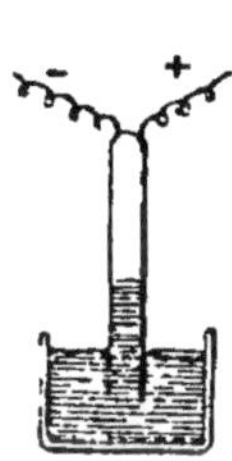

Fig. 6. — Influence de l'électricité dans les décompositions.

Exemple : deux volumes égaux de chlore (Cl) et d'hydrogène (H) se combinent lentement à la lumière diffuse, instantanément à la lumière vive de Mg (magnésium).

Deux volumes d'hydrogène et un volume d'oxygène se combinent sous l'influence de l'étincelle électrique. La lumière et l'électricité provoquent aussi les décompositions.

L'action de la lumière sur les chlorures, bromures, iodures d'argent est utilisée en photographie.

L'électricité décompose l'acide chlorhydrique dissous dans une solution saturée de sel marin.

14. Lois des combinaisons.

1° Loi de Lavoisier.

Le poids d'un composé est égal à la somme des poids des composants.

2° Loi de Proust.

Deux corps pour former un même composé se combinent toujours dans le même rapport (loi des proportions définies).

Exemple : H^2O (eau) est caractérisée par la proportion

$\frac{p}{p'} = \frac{1}{8}$ (p = poids d'hydrogène ; p' = poids d'oxygène), de même pour HCl (gaz chlorhydrique) on a :

$$\frac{q}{q'} = \frac{1}{35,5} \text{ (} q \text{ poids d'H, } q' \text{ poids de Cl).}$$

Ajoutons que si un gaz est en excès cet excès reste libre.

3° Loi de Dalton.

Si deux corps se combinent en diverses proportions, pour former plusieurs corps différents, il y a toujours un rapport simple entre les différentes quantités de l'un d'eux qui se combinent, avec un même poids de l'autre (loi des proportions multiples).

Exemple :

$$\text{Sulfure cuivreux : } \frac{\text{poids ou masse de S.}}{\text{poids ou masse de Cu}} = \frac{16}{63}.$$

$$\text{Sulfure cuivrique : } \frac{\text{poids ou masse de S.}}{\text{poids ou masse de Cu.}} = \frac{32}{63} \times \frac{16}{63} + 2.$$

$$\text{Oxyde azoteux : } \frac{\text{poids ou masse de l'O}}{\text{poids ou masse d'Az}} = \frac{4}{7}.$$

$$\text{Oxyde azotique : } \frac{\text{poids ou masse de l'O}}{\text{poids ou masse de Az}} = \frac{8}{7} = \frac{4}{7} \times 2.$$

$$\text{Anhydrique azoteux : } \frac{\text{poids ou masse de l'O}}{\text{poids ou masse de Az}} = \frac{12}{7} = \frac{4}{7} \times 3.$$

4° *Lois de Gay-Lussac.*

Quand deux gaz se combinent, les volumes qui entrent en combinaison sont toujours en rapport simple. (Ces volumes sont évidemment mesurés à la même température et à la même pression.)

5° **Le volume du composé considéré à l'état gazeux, est aussi en rapport simple avec les volumes des gaz composants.** (Même remarque sur la température et la pression.)

Ces deux lois doivent être complétées par une remarque :

Le volume du composé n'est jamais supérieur à la somme des volumes des composants.

Quand les corps simples gazeux se combinent à volumes égaux, le volume du composé est égal à la somme des volumes des composants.

Quand les volumes sont inégaux, il y a contraction, qui est le tiers de la somme des volumes quand ils sont dans le rapport de 2 à 1, la moitié quand les volumes sont dans le rapport de 3 à 1. (Elle est quelquefois supérieure, elle n'est pas soumise à des lois fixes.)

Exemple : 1 vol. d'hydrogène et 1 vol. de chlore (Cl) donnent 2 vol. de HCl (gaz chlorhydrique) (il n'y a pas contraction).

Les rapports $\frac{1}{1}$, $\frac{2}{1}$, sont simples.

2 vol. d'hydrogène (H) se combinent à 1 vol. d'oxygène pour donner 2 vol. de vapeur d'eau (H^2O) (contraction).

Les rapports $\frac{1}{2}$, $\frac{2}{2}$, $\frac{2}{1}$, sont simples.

15. Nombres proportionnels.

Soient des corps, A, B, C,... F qui se combinent avec un autre corps A'. Supposons que *p* gr. du premier, *p'* gr. du deuxième, *p''* gr. du troisième se combinent avec 1 gr. de A', *p*, *p'*, *p''*,... sont dits **nombres proportionnels.**

Ils représentent les poids (ou les multiples de ces poids) de A, B, C... F qui se combinent entre eux.

Ainsi *p* gr de A (ou un multiple de *p*) se combineront avec *p'* gr. (ou un multiple) de B, avec *p''* gr. (ou un multiple) de C...

On peut attribuer à chaque corps son nombre proportionnel, en appliquant les lois de Gay-Lussac.

Il prend alors le nom de poids moléculaire.

16. Poids moléculaires.

On appelle molécule, la plus petite quantité de matière pouvant exister à l'état libre.

Analysons la molécule d'un corps composé, on peut la décomposer en éléments plus simples.

La plus petite quantité d'un corps simple qui entre dans une molécule prend le nom d'atome.

Le poids relatif des molécules est le poids moléculaire, et le poids relatif des atomes est le poids atomique.

Des considérations tirées de lois de Gay-Lussac permettent d'énoncer que : **les poids moléculaires des gaz sont proportionnels aux densités de ces gaz.**

On en déduit que **le poids moléculaire d'un gaz est égal au produit de sa densité par 28,8, ou, ce qui est identique, au double de sa densité par rapport à l'hydrogène (H).**

17. Atomicité de la molécule.

Comparons le poids moléculaire d'un corps simple à son poids atomique.

En général, le poids moléculaire est double du poids atomique : chaque molécule contient donc deux atomes, et l'on dit que les molécules de ce corps sont **diatomiques.**

Quelques corps ont des molécules **tétratomiques,** comme le phosphore (P) et l'arsenic (As).

D'autres monoatomiques, comme le mercure (Hg) et le cadmium (Cd).

18. Lois des chaleurs spécifiques.

En 1819, Dulong et Petit énoncèrent la loi des **chaleurs spécifiques :**

Le produit du poids atomique *p* d'un corps par sa chaleur spécifique *c*, est un nombre sensiblement constant et voisin de 6,4.

Ce nombre est appelé **chaleur atomique.**

19. Valence des atomes. — Classification des métalloïdes.

Un corps est monovalent, bivalent, trivalent, tétravalent quand un atome de ce corps se combine avec **un,** ou **deux,** ou **trois,** ou **quatre** atomes d'hydrogène (H).

D'après cela on a groupé les métalloïdes en familles (voir le tableau).

La première famille donne les composés :

$$HF, HCl, HBr, HI.$$

La deuxième donnera :

$$H^2O, H^2S, H^2Se, H^2Te.$$

La troisième fournira :

$$AzH^3, PH^3, AsH^3, SbH^3.$$

La quatrième donnera :

$$CH^4, SiH^4.$$

La valence des atomes est indiquée quand ils sont isolés par un accent : H', O'', S'', C^{IV}, Az'''; quand ils sont en combinaison par des traits :

H^2O peut s'écrire : $H — O — H$,

AzH^3 s'écrit :

$$\begin{matrix} H \searrow & \\ & Az - H, \\ H \nearrow & \end{matrix}$$

CH^4 s'écrit :

$$\begin{matrix} & H & \\ & | & \\ H - & C & - H. \\ & | & \\ & H & \end{matrix}$$

La valence des métaux est déterminée par leur combinaison avec le chlore (Cl).

La plupart des métaux sont bivalents : $CaCl^2$, $SrCl^2$, $FeCl^2$.

L'Ag et les métaux alcalins sont monovalents : KCl, AgCl.

Au et Bi sont trivalents : $BiCl^3$, $AuCl^3$.

Zn et Pt tétravalents : $SnCl^4$, $ZnCl^4$.

§ II

NOMENCLATURE

1. Historique.

En 1787, Guyton de Morveau eut l'idée de la nomenclature actuelle. Elle fut établie avec le concours de Lavoisier, Berthollet, Fourcroy.

2. Anhydrides et acides.

Premier cas.

Lorsqu'un corps simple ne forme qu'un seul anhydride, on fait suivre ce mot du nom du corps simple qui le fournit (ce nom étant terminé en ique).

Exemple : anhydride carbonique, anhydride borique.

2e *cas.*

Si le même corps donne deux anhydrides différents, on conserve la terminaison **ique**, pour celui qui renferme le plus d'oxygène (O); la terminaison de l'autre sera **eux**.

Exemple : anhydride arsénique, anhydride arsénieux.

3e cas.

Si le corps fournit plus de deux anhydrides, on se sert des préfixes **per** ou **hyper** pour l'anhydride plus oxygéné que l'anhydride en **ique**. Le préfixe **hypo** désigne l'anhydride moins oxygéné que l'anhydride en **eux**.

Exemple : anhydride persulfurique, anhydride sulfurique, anhydride sulfureux.

REMARQUE.

Pour obtenir le nom d'un acide on remplace le mot **anhydride** par le mot **acide**.

Exemple : acide sulfurique.

3. Oxydes.

On forme le nom d'un **oxyde** en ajoutant à ce mot le nom du corps qui le forme : oxyde de zinc, oxyde de carbone.

Si le corps donne plusieurs oxydes on le désigne par les préfixes : **proto, sesqui, bi, tri, tétra, penta** suivant que pour un même poids de ce corps ces oxydes contiennent des poids d'oxygène (O) 1, $\frac{3}{2}$, 2, 3, 4...

Ainsi le manganèse et l'oxygène donnent le protoxyde, le sesquioxyde, le bioxyde de manganèse.

REMARQUE.

Celui des **oxydes** qui contient le plus d'oxygène (O) prend souvent le nom de **peroxyde**.

On dit quelquefois : **oxyde plombique, oxyde cuivrique, oxyde cuivreux.**

Quelques oxydes portent le nom sous lequel ils étaient connus jadis : potasse, soude, chaux, au lieu de : oxyde de potassium, de sodium de calcium.

4. Sels.

La **substitution** d'un métal à l'hydrogène d'un acide donne un sel.

Pour le désigner on modifie la terminaison de l'acide : **ique** par **ate**, **eux** par **ite**, et cette terminaison modifiée est suivie du nom du métal.

Exemple : sulfate de sodium, azotite de sodium.

Deux **sels** contenant le même acide et des métaux différents se combinent quelquefois et forment un sel double.

Exemple : **le sulfate double d'aluminium** et de **sodium.**

L'eau (H^2O) joue le rôle d'acide vis-à-vis quelques oxydes basiques.

Ces sels sont des **hydrates.**

Exemple : l'hydrate de potassium résultant de l'action de l'eau sur le potassium.

5. Corps non oxygénés.

Deux corps se combinant, pour désigner le corps résultant, on emploie le nom de ces corps séparés par le mot **de**, et l'on termine en **ure** le nom placé le premier par l'usage : **chlorure** de carbone.

6. Hydracides.

Ce sont les combinaisons des métalloïdes avec l'hydrogène.

On termine par **hydrique** le nom du métalloïde : le chlore et le soufre avec l'hydrogène donnent l'acide **chlorhydrique** (HCl) et l'acide **sulfhydrique** (H^2S).

Remarque.

Nous n'avons parlé que des corps composés. Les corps simples ont reçu un nom particulier déjà indiqué.

7. Notation symbolique.

Pour les corps simples, voir les tableaux.

Ces symboles représentent également le poids atomique de ces corps.

Ainsi O représente l'oxygène et en même temps 16 d'oxygène. Pour représenter les composés binaires, on réunit l'un à côté de l'autre les symboles des corps qui les composent : l'acide chlorhydrique, combinaison de chlore et d'hydrogène, s'écrira HCl ou ClH.

Le chlorure de zinc s'écrira : $ZnCl^2$ ou Cl^2Zn^1 (il y a 2 atomes de chlore pour 1 atome de zinc).

Dans ces formules, H, Cl, Zn et Cl^2 représentent les poids atomiques ou les multiples de ces poids.

8. Sels.

Dans la formule de l'acide on remplace le symbole H par celui d'un métal.

L'acide azotique a pour formule AzO^3H, l'azotate de potassium sera AzO^3K.

Quand un acide comme SO^4H^2 (acide sulfurique) contient plusieurs atomes d'hydrogène, on peut remplacer un ou deux de ces atomes, par un ou deux atomes de métal.

On a alors les **sels acides** et les **sels neutres**.

SO^4HK (sulfate acide de potassium) et SO^4K^2 (sulfate neutre de potassium).

Les acides sont dits **monobasiques**, **bibasiques**, **tribasiques** quand ils renferment un, deux ou trois atomes d'hydrogène remplaçables par un métal.

Remarque.

Les réactions chimiques s'expriment par des équations entre les symboles des corps.

Exemple : traitons l'acide sulfurique (SO^4H^2) par zinc (Zn) on a :

$$SO^4H^2 + Zn = SO^4Zn + H^2.$$

Projetons dans AzO^3H (acide azotique) de la tournure de cuivre (Cu).

Il se dégage AzO (bioxyde d'azote) et il reste de l'azotate de cuivre [$(AzO^3)^2Cu$].

Si on écrit :

$$AzO^3H + Cu = AzO + (AzO^3)^2Cu + H^2O,$$

l'équation sera inexacte, car le poids total des corps employés doit se retrouver dans le poids des corps produits.

Or la somme des poids des corps mis en présence est 125 gr. 5 dans le premier membre.

Faisons la même opération, pour le second membre, on trouve 235 gr. 5.

La formule est donc inexacte. De plus il y a 3 atomes d'azote dans le second membre et un dans le premier.

Pour déterminer les coefficients de l'équation on les désigne par x, y, ...t, u. On a :

$$x\,AzO^3H + y\,Cu = z\,AzO + t\,(AzO^3)^2Cu + u\,H^2O.$$

Appliquons la loi de Lavoisier et exprimons qu'il y a dans les deux membres le même nombre d'atomes de chaque corps. On aura :

Pour	Az	$x = z + 2t$
—	O	$3x = z + 6t + u$
—	H	$x = 2u$
—	Cu	$y = t.$

Résolvant ce système d'équations par une des méthodes indiquées en algèbre, et remarquant qu'une inconnue est arbitraire, on trouve en faisant $x = 1$:

$$AzO^3H + \frac{3}{8}\,Cu = \frac{1}{4}\,AzO + \frac{3}{8}\,(AzO^3)^2Cu + \frac{1}{2}\,H^2O.$$

En multipliant par 8 on aura :

$$8\,AzO^3H + 3\,Cu = 2\,AzO + 3\,(AzO^3)^2Cu + 4\,H^2O.$$

PREMIÈRE PARTIE

MÉTALLOÏDES

§ I

OXYGÈNE. — COMBUSTION
CORPS OXYDANTS

1. Historique.

Découvert par Priestley (1772). — Étudié par Lavoisier et Scheele (1774), il reçut le nom d'oxygène (O).

Il existe dans l'air, l'eau, beaucoup de minéraux et substances animales et végétales.

2. Préparations.

1° Calcination de MnO^2 (bioxyde de manganèse) :

$$3MnO^2 = O^2 + Mn^3O^4.$$

— On réduit ce corps en poudre, on le met dans une cornue en grès, placée dans un fourneau à réverbère.

On allume lentement : MnO^2 se décompose, abandonne le tiers de son oxygène. Il reste Mn^3o^4 (oxyde brun).

Impuretés.

Le bioxyde de manganèse MnO^2 contient du bioxyde et du sesquioxyde hydratés, des carbonates de calcium, baryum et azotates.

L'oxygène obtenu contient donc : vapeur d'eau (H^2O), anhydride carbonique (CO^2) et de l'azote

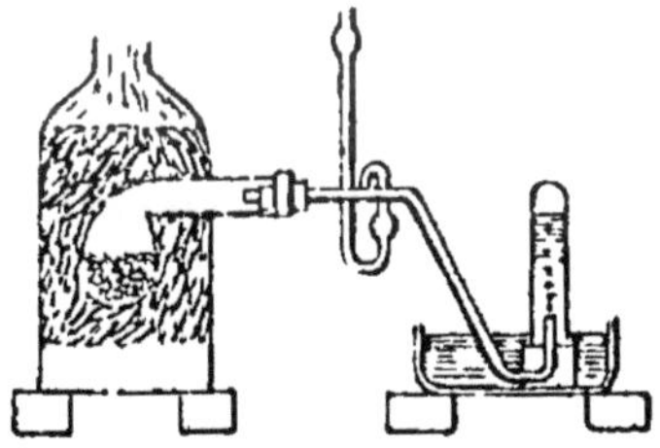

Fig. 7. — Préparation de l'ox. par MnO^2.

(Az). On fait barboter le mélange des gaz dans un flacon laveur, contenant KOH (potasse).

On dessèche. L'azote reste.

2° Le bioxyde de manganèse et l'acide sulfurique (MnO^2 et SO^4H^2) donnent :

$$2MnO^2 + 2SO^4H^2 = O^2 + 2SO^4Mn + 2H^2O.$$

3° Deville et Debray ont indiqué un procédé industriel qui consiste à extraire l'oxygène (O) de SO^4H^2 (acide sulfurique).

$$SO^4H^2 = SO^2 + H^2O + O.$$

4° Le bichromate de potassium ($Cr^2O^7K^2$) chauffé avec SO^4H^2 donne :

$$Cr^2O^7K^2 + 4SO^4H^2 = (SO^4)^3Cr^2 + SO^4K^2 + 4H^2 + O^3.$$

5° On décompose le permanganate de potassium ($Mn^2O^8K^2$) par SO^4H^2 :

$$Mn^2O^8K^2 + 3SO^4H^2 = 2SO^4Mn + SO^4K^2 + 3H + 5O.$$

6° On décompose les azotates par la chaleur :

$$AzO^3K = AzO^2K + O.$$

7° On décompose l'eau (H^2O) par un courant électrique (voltamètre) ou bien par le chlore (Cl) :

$$H^2O + 2Cl = 2HCl + O.$$

8° *Extraction de l'air. — Procédé Boussingault.*

On fait passer de l'air dépouillé de gaz carbonique (CO^2) sur de la baryte, au rouge.

L'oxygène est absorbé.

En élevant la température, le bioxyde de baryum abandonne l'oxygène absorbé. Ce procédé a été perfectionné par les frères Brin.

9° *Procédé Tessié du Mothay et Maréchal.*

On fait passer l'air sur un mélange de soude et de bioxyde de manganèse.

Il se forme MnO^4Na^2 :

$$MnO^2 + 2NaOH + O = MnO^4Na^2 + H^2O.$$

10° *Oxygène pur.*

On peut l'obtenir en décomposant par la chaleur certains oxydes :

$$HgO = Hg + O.$$

3. Préparation par le chlorate de potassium.

On met ce sel dans une cornue en verre; il fond, laisse dégager l'oxygène qu'il contient :

$$2KClO^3 = 2KCl + 3O^2.$$

REMARQUE.

Si on chauffe doucement, le sel une fois fondu ne dégage que le tiers d'oxygène. Cela tient à ce

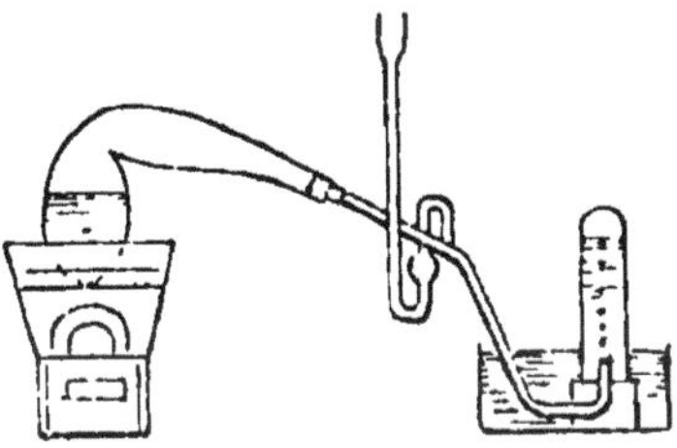

Fig. 8. -- Préparation de l'oxygène par le chlorate de potassium.

que le chlorate de potassium s'est transformé en perchlorate (plus stable). Il faut alors chauffer davantage. — Deux phases dans cette réaction :

1° Production de ClO^4K perchlorate et oxygène :

$$2ClO^3K = KCl + ClO^4K + 2O.$$

2° Décomposition de ClO^4K :

$$ClO^4K = KCl + 4O.$$

La formation de ClO^4K est évitée en ajoutant à ClO^3K une petite quantité d'oxyde de cuivre, ou son poids d'oxyde brun de manganèse.

Appareil Salleron.

Dans l'industrie on se sert de l'appareil Salleron, cornue en fonte, formée de deux parties.

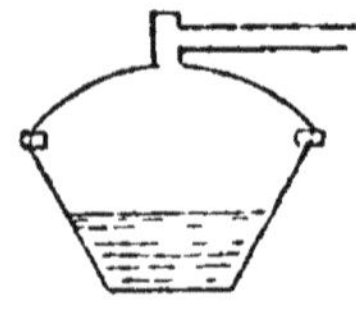

Fig. 9. — Appareil Salleron.

La partie inférieure est une cuvette à fond plat, dont le rebord supérieur présente sur son pourtour une rigole circulaire, où vient s'adapter le bord du dôme du chapiteau.

Un lut en plâtre réunit ces deux pièces et cède si la pression intérieure devient trop forte.

Le gaz en sortant de cet appareil traverse un flacon laveur contenant une dissolution de KOH (potasse).

4. Propriétés physiques.

Gaz incolore, inodore, sans saveur. Densité 1,1050 à 0° et à 760^{mm} (D. th. $= 16 \times 0,0693$).

Un litre d'oxygène pèse : $1,293 \times 1,1050 =$ 1 gr. 429.

Liquéfié par Cailletet en 1887, puis par Pictet.

Point critique 118. Pression critique 50 atmosphères. (Pression critique : la pression à laquelle se liquéfie le gaz, ce gaz étant au point critique.)

Wroblewski et Olszewski l'ont liquéfié dans le vide et ont vérifié qu'il bout à — 181°, à la pression 760^{mm}.

Dans le vide il se vaporise et abaisse la température à — 200°. Tension maxima : 22 atm. à — 136°.

REMARQUE.

L'oxygène subit une transformation allotropique (ozone) quand on le soumet à l'influence de l'effluve.

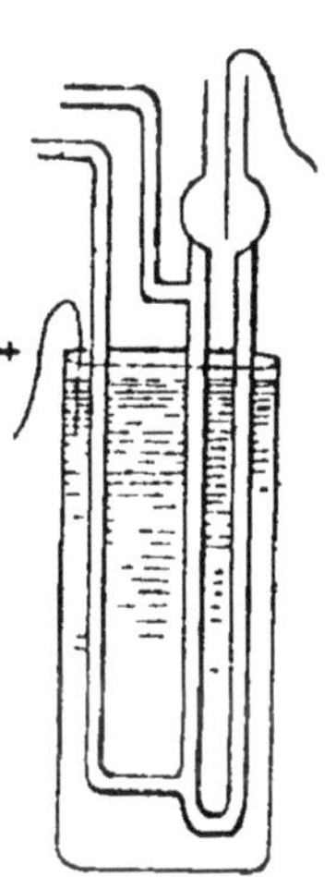

Fig. 10. — Appareil Berthelot pour la production de l'ozone.

5. Propriétés chimiques.

L'oxygène entretient la combustion.

Rallume une allumette en ignition.

Se combine directement à presque tous les corps simples portés préalablement à l'incandescence ou enflammés.

Combustion.

Ces corps s'oxydent et cette oxydation s'appelle combustion. Il faut distinguer les combustions vives et les combustions lentes.

Exemples de combustions vives.

Prenons un ballon plein d'oxygène.

Introduisons un charbon incandescent placé dans une coupelle en grès : ce charbon brûle avec un vif éclat et donne CO^2 (gaz carbonique).

Remplaçons le charbon par du soufre allumé, ce corps brûle avec une flamme bleue et produit SO^2 (gaz sulfureux).

De m^me le phosphore allumé brûle dans l'oxygène en produisant P^2O^5.

Les métaux brûlent dans l'oxygène.

Exemple : prenons un fil de fer, enroulé en spirale, et muni à son extrémité d'un morceau d'amadou.

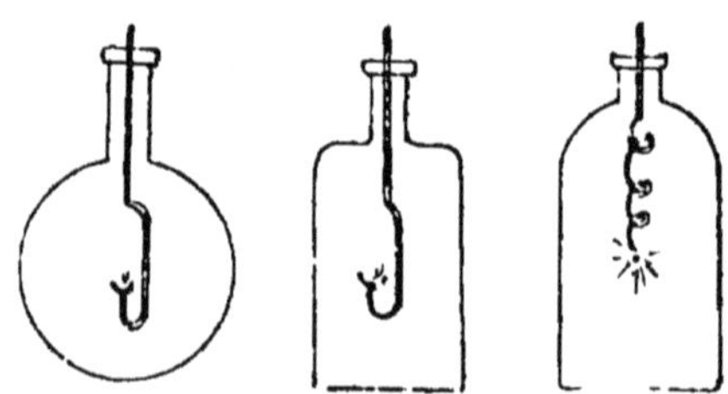

Fig. 11. — Exemples de combustions vives.

Allumons l'amadou. Introduisons ce fil de fer dans un flacon plein d'oxygène. Le fer brûle en lançant de tous côtés des batitures qui, portées à une température très élevée, s'incrusteraient dans le fond du flacon, si l'on ne prenait la précaution d'y verser plusieurs centimètres d'eau (H^2O).

Ces batitures sont Fe^3O^4.

De même le zinc (Zn) et le magnésium (Mg) brûlent dans l'oxygène.

Ces combustions vives sont des phénomènes d'**oxydation**.

Combustions lentes.

Mais une oxydation peut encore se produire, sans dégagement **sensible** de chaleur et de lumière, d'où le nom de combustions lentes attribué à ces oxydations.

Exemple : le fer à l'air humide s'oxyde; il se forme de la rouille (combustion lente).

L'oxygène détermine encore l'apparition de certaines matières colorantes, développe celle du tournesol, et celle de l'indigo (application à la fabrication de l'indigo).

6. Rôle de l'oxygène dans la combustion.

N'est bien connu que depuis Lavoisier, qui lutta pendant plusieurs années contre la théorie de Stahl (phlogistique).

Avant Lavoisier, Jean Rey, en 1630, avait remarqué que l'étain (Sn) s'oxydant augmente de poids. Ce fait était oublié quand Lavoisier attaqua la théorie de Sthall.

En 1777, Lavoisier démontra que le sang abandonne dans les poumons CO^2 (gaz carbonique) et prend en échange de l'oxygène qui détermine, en circulant dans l'organisme, l'oxydation des matières à éliminer.

Cette oxydation (combustion) est l'origine de la chaleur animale.

Si la respiration est active, la température du corps est invariable, et supérieure en général à la température ambiante.

Si la respiration est lente, la température du corps suit les variations de la température ambiante.

Exemple : les animaux à sang froid.

Quand l'oxygène se raréfie, la circulation se ralentit; si la pression augmente, il devient mortel, même pour les animaux supérieurs.

L'oxygène de l'air est mortel pour les vibrions, il atténue l'énergie des germes, des maladies virulentes. Ces germes atténués peuvent développer des maladies (non dangereuses), et comme ces maladies, en général, ne récidivent pas, ces germes atténués servent de vaccin.

7. Chaleur de combustion.

Un corps brûlant dans l'oxygène dégage de la chaleur. C'est **la chaleur de combustion.**

Pour la mesurer, on prend pour unité **la calorie, quantité de chaleur nécessaire pour élever de un degré la température de un kilogramme d'eau** (voir les combustibles).

8. Comburants.

Corps dans lesquels un autre corps peut brûler.

Exemple : l'oxygène **est un comburant.**

On appelle **combustibles** les corps qui brûlent dans le corps comburant.

L'hydrogène est un combustible.

La cause de la combinaison est réciproque. Elle ne réside pas dans l'un des corps plutôt que dans l'autre : l'hydrogène brûle dans l'oxygène, inversement l'oxygène peut brûler dans l'hydrogène.

Le soufre brûle dans une atmosphère d'oxygène. Inversement l'oxygène brûle dans une atmosphère de soufre.

La distinction des corps en comburants et combustibles est donc arbitraire.

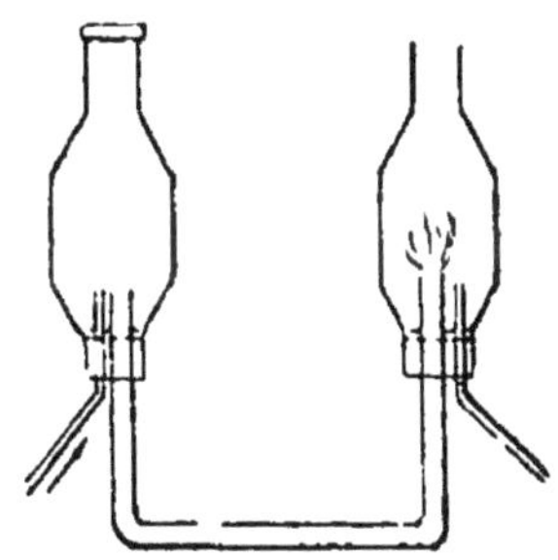

Fig. 12. — Combustion de l'oxygène dans une atmosphère d'hydrogène.

9. Oxydation. Corps oxydants.

L'oxydation n'est qu'un cas particulier de la combustion : c'est l'union intime de l'oxygène avec un autre corps.

La rouille (oxyde de fer), la litharge (oxyde de plomb) sont des résultats d'oxydation.

La phosphorescence en est un autre. Il y a des corps **oxydants**, c'est-à-dire qui servent à fixer l'oxygène sur les matières à **oxyder**.

Parmi les oxydants nous citerons :

L'eau **oxygénée** (H^2O^2) (très énergique).

Transforme en anhydrides correspondants l'arsenic, le tungstène..., le sulfure de plomb, en sulfate....

Les corps poreux qui décomposent l'eau oxygénée sans s'unir à l'oxygène servent à oxyder, tels : le platine, le palladium, le ruthénium, en poudre, le bioxyde de manganèse.

L'ozone (O^3) (très énergique). Cet oxygène, condensé, oxyde le mercure et l'argent à la température ordinaire.

Certains oxydes tels : oxyde mercurique, les bioxydes de baryum, de strontium, de calcium, de manganèse.

Certains corps, comme le **chlore** (Cl), sont oxydants en ce qu'ils décomposent quelques corps oxygénés, et mettent l'oxygène en liberté (action du chlore sur l'eau).

Quelques **acides oxygénés** (tous les acides oxygénés du chlore décomposés par la chaleur donnent du chlore et de l'oxygène).

Certains sels, comme les **azotates** (azotates de baryum, de plomb, de potassium, de sodium, d'argent).

Les **azotites** (quand on les chauffe très fortement).

Enfin citons encore parmi les composés oxygénés de l'azote :

Le **peroxyde d'azote** (quand on le chauffe au rouge);

Le **bioxyde d'azote,** à la température du rouge, fournit de l'oxygène;

Le **protoxyde d'azote,** qui oxyde les corps avides d'oxygène.

§ II

HYDROGÈNE, APPLICATIONS, RÉDUCTIONS, CORPS RÉDUCTEURS

1. Historique.

Connu depuis Cavendish en 1766, ancien nom : air inflammable.

2. Préparations.

1° *Par les métaux.* — L'eau (H^2O) en renferme le 1/9 de son poids.

On décompose la vapeur d'eau par le fer au rouge. On a :

$$3Fe + 4H^2O = Fe^3O^4 + 4H^2.$$

On met un faisceau de fils de fer dans un tube en grès verni, lequel communique avec une cornue contenant l'eau que l'on porte à l'ébullition.

L'action du zinc ou du fer à froid sur l'acide sulfurique (SO^4H^2) étendu ou sur l'acide chlorhydrique (HCl) produit l'hydrogène :

$$Zn + SO^4H^2 = SO^4Zn + H^2, \quad Fe + SO^4H^2 = SO^4Fe + H^2.$$
$$Zn + 2HCl = ZnCl^2 + H^2, \quad Fe + 2HCl = FeCl^2 + H^2.$$

3.

On prend un flacon à deux tubulures.

On le remplit à moitié d'eau (H^2O), on introduit le zinc (Zn) en grenaille.

L'une des tubulures porte le tube à dégagement,

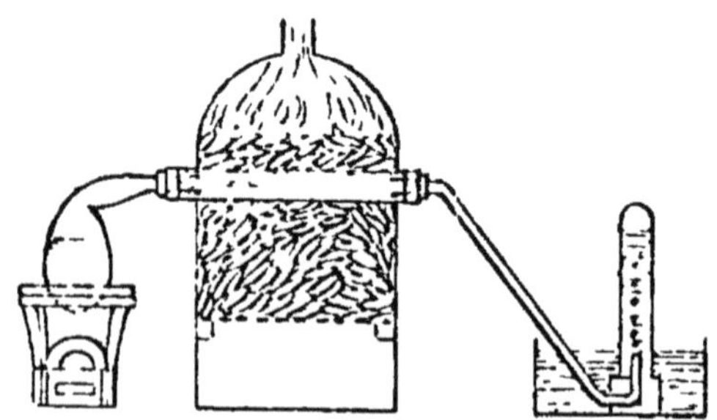

Fig. 13. — Préparation de l'hydrogène en décomposant la vapeur d'eau par le fer.

l'autre un tube à entonnoir servant de tube de sûreté, et on verse SO^4H^2 (peu à peu) ou HCl.

Remarque.

On l'obtient d'une manière continue, avec deux flacons communiquant entre eux (à la partie inférieure), par un tube en caoutchouc.

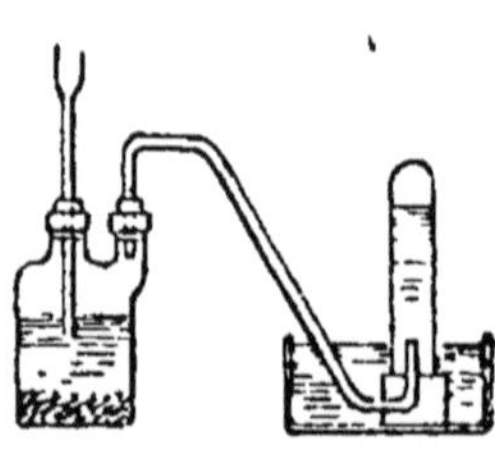

Fig. 14. — Préparation de l'hydrogène par le zinc en grenailles.

Sur le fond de l'un mettons des corps inertes et mauvais conducteurs (charbon de bois, fragments de verre).

Remplissons avec des fragments de zinc (Zn). Fermons avec un bouchon traversé par un tube à dégagement, muni d'un robinet.

Dans l'autre flacon mettons l'acide chlorhydrique (HCl) étendu. Établissons une différence de niveau.

L'acide chlorhydrique HCl passe dans le premier flacon, attaque le zinc et donne l'hydrogène, qui s'échappe si le robinet est ouvert; s'il est fermé, la pression de l'hydrogène à l'intérieur du flacon refoule l'acide chlorhydrique (HCl) dans le second : il n'y a pas d'attaque.

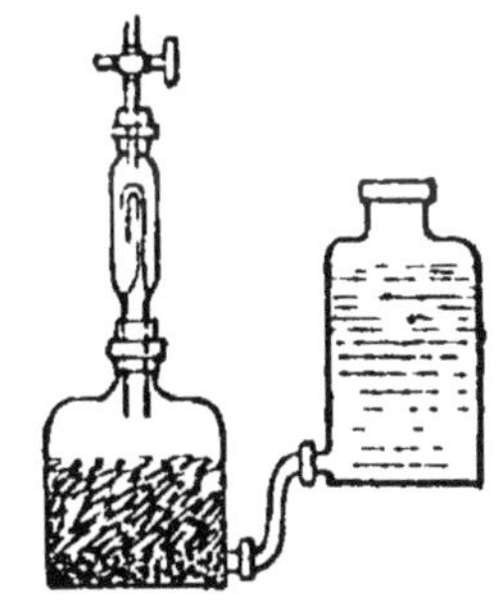

Fig. 15. — Production continue d'hydrogène.

2° On a encore de l'hydrogène (H) en décomposant l'eau (H^2O) par un courant électrique (voltamètre).

3. Purifications.

L'hydrogène (H) contient SO^4H^2 (acide sulfurique), arséniure, phosphure, carbure, siliciure d'hydrogène.

On le purifie en le faisant passer dans un tube de verre rempli de tournure de cuivre maintenue au rouge; à la suite du tube est une éprouvette renfermant de la potasse caustique qui dessèche.

On peut encore le faire passer dans une solution alcaline de permanganate de potassium ($Mn^2O^8K^2$) additionnée de SO^4H^2 (acide sulfurique).

On a l'hydrogène pur avec le formiate de potassium (CHO^2K), chauffé avec de la KOH (potasse) :

$$CHO^2K + KOH = CO^3K^2 + H^2.$$

4. Propriétés physiques.

Gaz incolore, inodore, sans saveur, difficile à liquéfier. Point critique : — 220.

Wroblewski et Olszewski l'ont liquéfié en le refroidissant par l'évaporation de l'azote liquide.

Peu soluble dans H^2O (eau).

Son spectre a 4 raies caractéristiques, dans le rouge, le bleu, l'indigo, le violet.

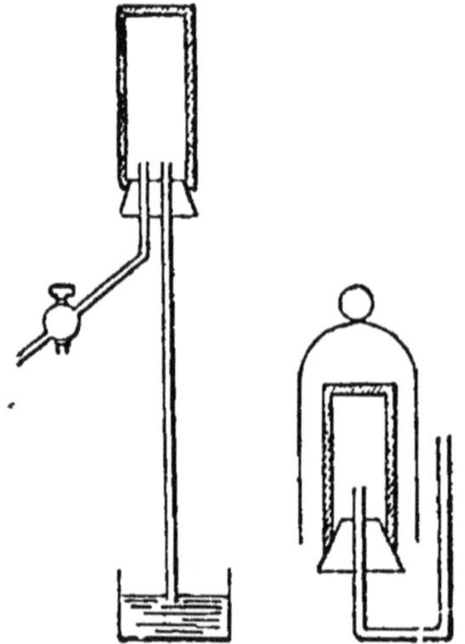

Fig. 16. — Passage de l'hydrogène à travers les corps poreux.

Il existe dans l'atmosphère du soleil. D = 0,6947 ; un litre à 0° et à 760 pèse 1,293 × 0,06947 = 0,0898. Il pèse 14 fois 1/2 moins que l'air.

Pour montrer sa légèreté on en gonfle des bulles de savon qui s'élèvent dans l'air.

Cette propriété le fait employer pour les aérostats. Graham a montré que si V et V′ désignent les vitesses de passage de deux gaz à travers une cloison poreuse, *d d′* les densités des deux gaz, on a :

$$V\sqrt{d} = V'\sqrt{d'}.$$

Troost a montré que l'hydrogène traverse le fer et le platine.

Il conduit très bien la chaleur : un fil de platine

porté à l'incandescence perd cette incandescence plongé dans une atmosphère d'hydrogène.

5. Propriétés chimiques.

Elles le rapprochent des métaux. Avec eux il forme des alliages.

Exemple : le palladium hydrogéné (Pd^2H), le

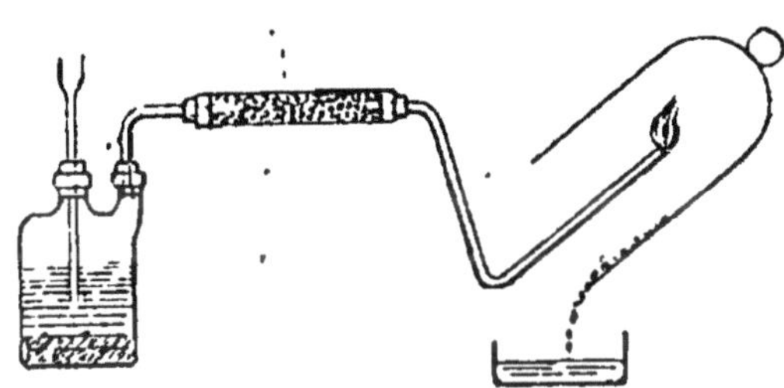

Fig. 17. — Expérience de Cavendish.

potassium hydrogéné (K^2H), le sodium hydrogéné (Na^2H).

Dans les sels acides l'hydrogène joue le rôle de métal : SO^4HK (sulfate acide de potassium), Po^4Na^2H, Po^4NaH^2 (phosphates acides). Les acides sont des sels d'hydrogène : AzO^3H est l'azotate d'hydrogène.

En se combinant avec l'oxygène il fournit H^2O (eau) (expérience de Cavendish).

2 vol. d'hydrogène mélangés à 1 vol. d'oxygène font explosion quand on approche la flamme d'une bougie.

Le mélange d'hydrogène et d'air sec s'enflamme en présence de la mousse de platine.

On utilise cette propriété dans le briquet à hydrogène. L'hydrogène enflammé à l'extrémité d'un tube effilé et vertical fait entendre un son quand on entoure la flamme d'un gros tube en verre; la longueur de ce tube modifie la hauteur du son. C'est l'harmonica chimique. (Ceci n'est pas spécial à l'hydrogène.)

Fig. 17 *bis*. — Harmonica chimique.

6. Réducteurs.

L'hydrogène est avant tout réducteur; il décompose l'oxyde de cuivre (CuO) avec production de cuivre :

$$CuO + 2H = Cu + H^2O.$$

Un courant rapide d'hydrogène passant sur du sesquioxyde de fer légèrement chauffé, donne H^2O, le résidu, suivant que l'action est plus ou moins prolongée, est de l'oxyde magnétique ou du fer pyrophorique.

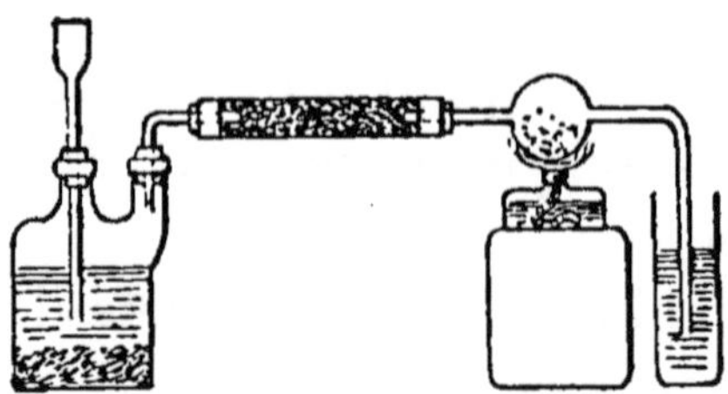

Fig. 18. — Réduction d'oxydes par l'hydrogène.

La magnésie, la chaux, la potasse, la soude, l'alumine ne sont pas réduites.

Comme réducteurs, c'est-à-dire comme corps qui enlèvent l'oxygène O aux composés qui en con-

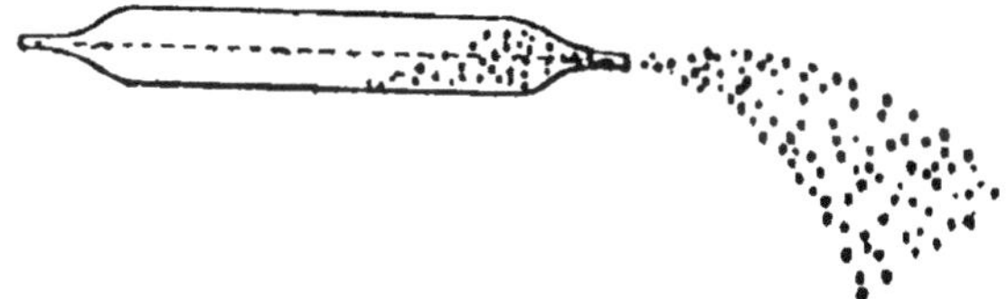

Fig. 18 *bis*. — Fer pyrophorique.

tiennent, nous citerons uniquement ceux employés dans l'industrie, savoir :

Le charbon, l'oxyde de carbone, l'acide sulfureux.

Mélangé à l'oxygène, l'hydrogène s'enflamme et donne une grande chaleur utilisée dans le chalumeau à gaz hydrogène et oxygène. Ces gaz arri-

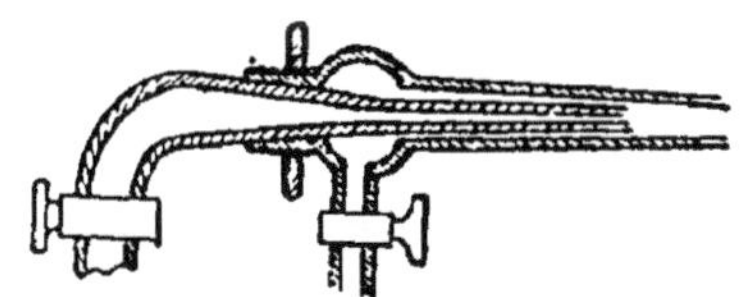

Fig. 19. — Chalumeau oxy-hydrique.

vent par deux tubes en caoutchouc. Le tube qui conduit l'oxygène est à l'intérieur du tube plus large qui conduit l'hydrogène; les deux gaz se mélangent dans le tube étroit qui termine l'appareil à une petite distance du point où se fait la combustion; des robinets permettent de régler la sortie des gaz.

Cet appareil sert à fondre le platine mis dans

une cavité creusée dans un fragment de chaux vive.

On dirige le dard enflammé de manière que l'ouverture du chalumeau soit seulement à quelques millimètres du platine.

Le platine fond et se rassemble en un culot brillant.

L'or, l'argent, par le même procédé, se réduisent en vapeurs bleuâtres.

On emploie ce chalumeau pour les soudures autogènes; pour souder par exemple des feuilles de plomb par leur bord sans interposition de métaux étrangers.

La lumière de l'hydrogène est pâle; on la rend brillante, en faisant passer le courant d'hydrogène

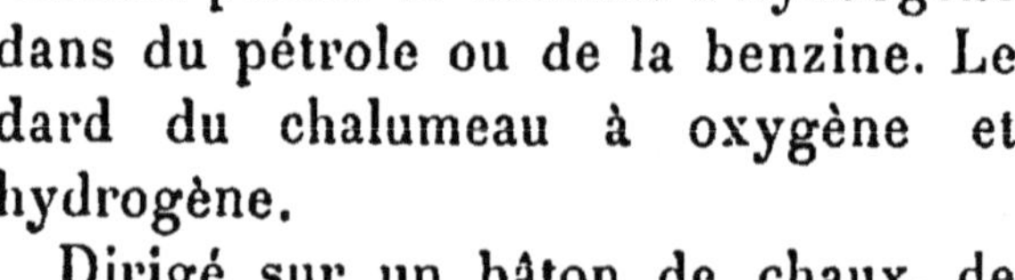

dans du pétrole ou de la benzine. Le dard du chalumeau à oxygène et hydrogène.

Fig. 19 *bis.* — Briquet à hydrogène.

Dirigé sur un bâton de chaux, de magnésie, de zircone, de thorine, prend un éclat éblouissant. C'est la lumière Drummond.

7. Usages.

L'hydrogène sert à gonfler les ballons.

A l'établissement aérostatique de Chalais on l'obtient en décomposant avec une machine dynamo-électrique l'eau rendue conductrice par l'addition d'une certaine quantité de soude.

§ III

CARBONE, COMBUSTIBLES, NOTIONS SUR LES MATIÈRES ORGANIQUES, LEUR COMBUSTION, LEUR DÉCOMPOSITION PAR LA CHALEUR, CARBONISATION

1. Carbone.

Se trouve dans la nature sous des aspects variés :

Diamants (cristaux transparents);

Graphite (écailles gris noirâtre);

Noir de fumée (amorphe).

Solide, infusible, fixe aux températures de nos fourneaux.

Se volatilise dans l'arc électrique à 3500°.

Soluble dans les métaux en fusion, argent, platine, fonte de fer.

2. Propriétés chimiques.

Le fluor (Fl) se combine avec le carbone (C) amorphe à froid avec le graphite au rouge. **32 gr. d'oxygène donnent en se combinant à 12 gr. de carbone (C) (sous quelque état qu'on le rencontre) 44 gr. d'anhydride carbonique** CO^2 : $C + 2O = CO^2$.

Le soufre se combine directement avec le carbone ; on a :

$$C + 2S = CS^2.$$

Un courant d'azote passant sur des charbons humectés de potasse (KOH) donne du cyanogène uni au potassium et CO qui se dégage (oxyde de carbone) :

$$3C + 2Az + 2KOH = 2KCAz + CO + H^2O.$$

Le silicium se combine avec le carbone à la température de l'arc électrique. On a SiC cristallisé.

L'hydrogène donne avec le carbone des carbures ; les principaux sont :

L'acétylène (C^2H^2);

L'éthylène (C^2H^4);

Le méthane (CH^4). (*Voir l'appendice.*)

Des fragments de charbon en ignition décomposent H^2O. On a un mélange de H, CO, CO^2 (hydrogène, oxyde de carbone, gaz carbonique).

Le charbon est un réducteur : chauffé légèrement avec SO^4H^2, il donne CO^2 et SO^2.

Le charbon incandescent décompose l'acide azotique (AzO^3H) et les azotates.

Il réduit beaucoup d'oxydes métalliques :

$$ZnO + C = Zn + C.$$

La calcination à l'abri de l'air des substances organiques (carbonisation) laisse un résidu de charbon.

La combustion incomplète de quelques substances organiques donne du charbon.

3. Diamant.

C'est du carbone; Lavoisier le constata en 1772. Les plus anciennes mines de diamant sont aux ..des. Il en existe à Bornéo, en Sibérie, dans les monts Ourals, au Brésil, au cap de Bonne-Espérance.

Il se rencontre dans les argiles et sables d'alluvion.

On en a trouvé avec des **carbonados** (diamants noirs), dans quelques fers météoriques, comme celui **del canon diablo**, dans l'Arizona. Le diamant raye tous les autres corps et n'est rayé par aucun. Densité de 3,50 à 3,55.

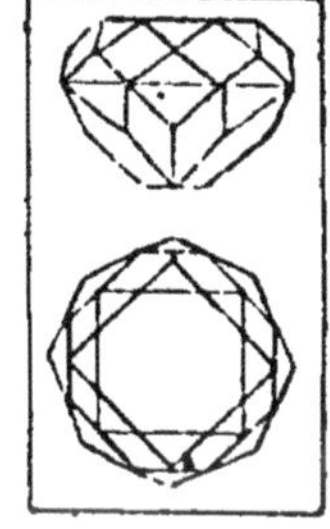

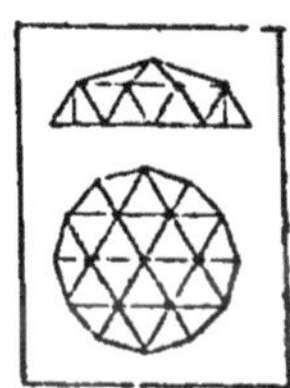

Fig. 20. — Taille des diamants.

Mauvais conducteur; se gonfle, noircit, soumis dans le vide à l'arc électrique.

Cristallise en octaèdres réguliers; souvent les faces sont courbes. Est incolore, ou jaune, ou rose, ou noir ou bleu, ou vert.

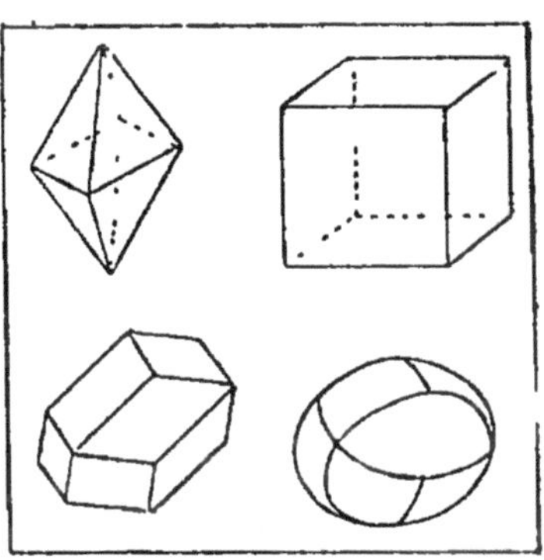

Fig. 21. — Formes cristallines du diamant.

Employé surtout en bijouterie, où on taille les gros en **roses**, les petits en **brillants**.

Dans la taille en rose, la partie enchâssée est plane, la partie apparente et un dôme de 24 facettes (terminé en pointe).

Dans la taille en brillants, la partie apparente se termine par une tablette plane entourée sur les côtés de 32 faces, et la partie enchâssée forme une longue pyramide de 24 faces, correspondant à celle de la partie apparente.

Pouvoir dispersif et réfringent très considérable, transparent, fluorescent.

Faux diamants, généralement du **corindon**, se reconnaissant à ce qu'ils ont la **réfraction double**, le diamant vrai la réfraction simple.

Le prix du diamant varie selon son poids évalué en carats (0 gr. 212).

Un diamant d'un carat, bien taillé, bien limpide, vaut 500 fr.

Le prix augmente proportionnellement au carré du poids.

Diamants célèbres : Régent (France, 136 carats), Ko-hi-noor (Angleterre, 186 carats), Grand-Mogol (Perse, 280 carats), celui du rajah de Matam, à Bornéo (367 carats), Orloff (Russie, 193 carats), l'Étoile du Sud (125).

Taille du diamant.

Connue depuis le xive siècle. Louis de Berquem imagina les procédés actuels.

On le dégrossit en utilisant le **clivage**, on lui donne par le **brutage** la forme approximative.

On termine par le polissage avec une poussière appelée **égrise**.

4. Carbonisation et Combustibles.

Deux procédés pour carboniser le bois : 1° dans les cornues ; 2° en meules.

Dans le premier procédé, le bois est chauffé

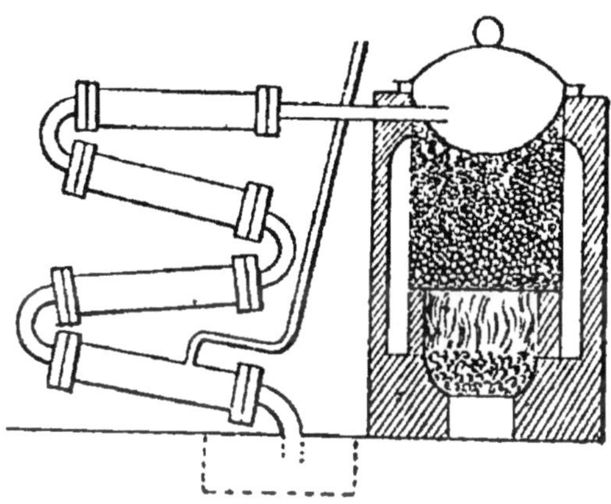

Fig. 22. — Carbonisation par les cylindres.

dans des cornues cylindriques ; il y a dégagement d'oxyde de carbone, acide carbonique, carbures d'hydrogène, vinaigre, esprit-de-bois, goudrons.

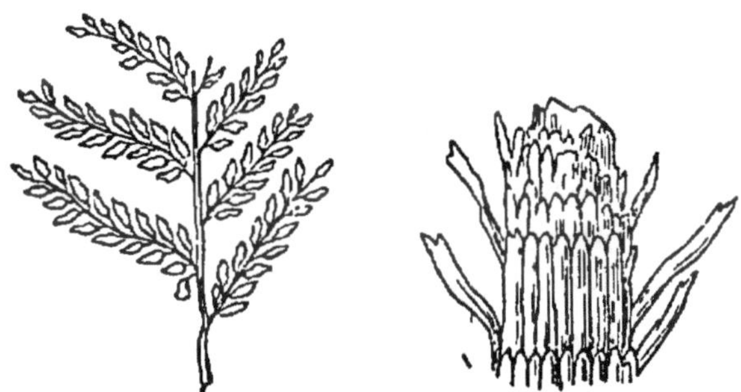

Fig. 22 *bis*. — Feuille de fougère conservée par la carbonisation naturelle.

Le charbon ainsi obtenu sert à fabriquer la poudre, est homogène, très combustible.

Bois employés : saule, peuplier, bourdaine.

Le second procédé se pratique sur les lieux où le bois est coupé.

Autour de quatre perches verticales, formant cheminée, on place des rondins de bois.

On forme un premier lit, sur lequel on en dispose un deuxième, puis un troisième, de manière à

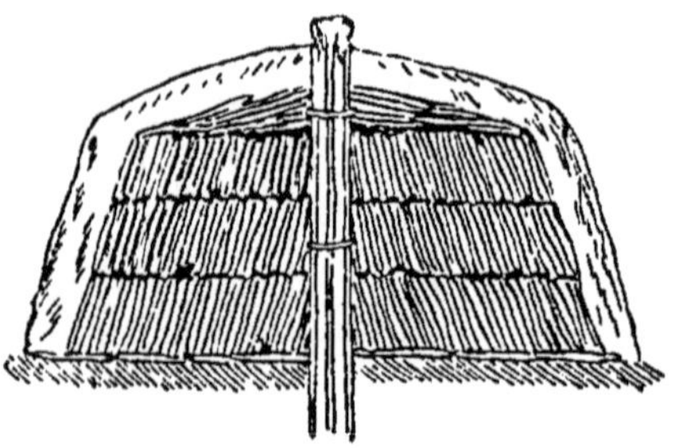

Fig. 23. — Carbonisation par les meules.

former un tronc de cône. A la base de la meule on ménage des canaux horizontaux partant de la cheminée.

Le tout est recouvert de mousse, gazon, terre.

On remplit la cheminée de matières enflammées, la combustion se communique.

Au début la fumée est noire, épaisse; à la fin, bleu clair. On bouche alors la cheminée, l'on ouvre des évents à 50 cent. au-dessous; quand la fumée est bleue, on les bouche, on en ouvre d'autres.....

Bois employés : châtaignier, chêne, charme, coudrier.

Autres exemples de carbonisation :

Le **charbon des cornues**, qui incruste les parois intérieures des cornues à gaz, est bon conducteur de la chaleur, de l'électricité; s'emploie pour les pôles de la pile Bunsen, pour faire des creusets.

Le **coke**, résidu de la distillation de la houille, est spongieux, brûle sans fumée.

Le noir de fumée.

S'obtient en brûlant, en présence de l'air, les goudrons, les carbures d'hydrogène, les matières grasses.

La fumée produite passe dans des chambres,

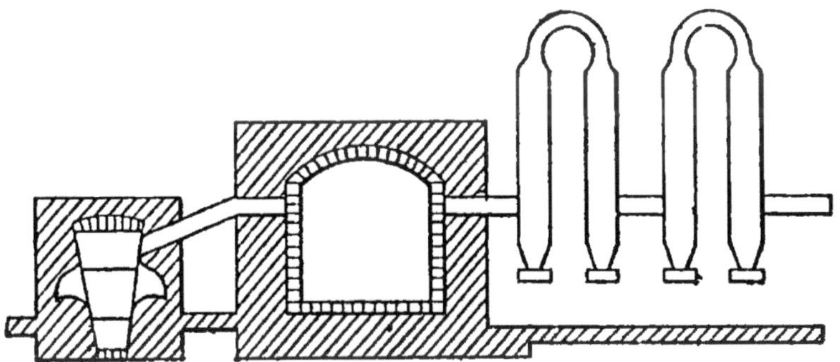

Fig. 23 *bis*. — Préparation du noir de fumée.

sur les parois desquelles le noir de fumée se dépose en une poudre noire impalpable; sert pour les encres d'imprimerie, de Chine....

Le noir animal.

S'obtient par la calcination des os en vase clos :

L'osséine des os est décomposée par la chaleur

et laisse du charbon très divisé. Il absorbe les matières colorantes.

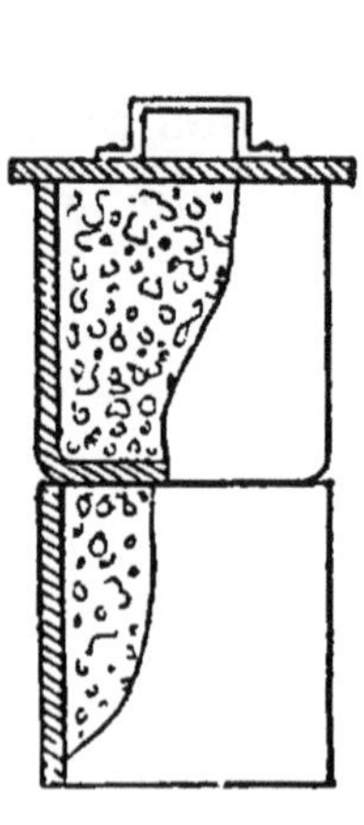

Fig. 23 *ter.* — Préparation du noir animal.

Fig. 23 *quater.* — Décoloration du vin par le noir animal.

La tourbe.

Résultat de la calcination des végétaux enfouis sous le sol.

Origine récente, brûle lentement.

Les lignites.

Se trouvent dans les terrains tertiaires (Laon, Soissons, Isère, Bouches-du-Rhône).

Conservent la forme et la structure des végétaux qui les ont fournies. Flamme longue, accompagnée de mauvaise odeur.

Variété : le jais naturel ou jayet, employé pour les bijoux de deuil.

La houille.

Origine ancienne, masse composée de feuillets superposés, noir brillant. Résulte de la carbonisation lente des végétaux.

Se trouve en Angleterre, en France, en Belgique, en Allemagne.

On distingue : les houilles grasses, à flamme longue (Saint-Étienne, Mons), et les houilles maigres, à flamme courte (Blanzy).

L'anthracite ou charbon de pierre.

Se trouve aux États-Unis, Angleterre, France, dans les terrains antérieurs au terrain carbonifère.

Combustibles.

C'est toute substance qui s'unissant à l'oxygène d'une manière vive donne de la chaleur.

Combustibles solides employés : le bois, le charbon de bois, la tannée, la tourbe, la houille, le coke, les lignites, l'anthracite, le bog-head.

Combustibles liquides : goudrons, huiles de houille, pétroles, huiles végétales.

Combustibles gazeux : le gaz de la houille, le gaz des marais, l'oxyde de carbone, l'hydrogène.

Un kilo de ces matières dégage la quantité suivante de chaleur :

Charbon de bois....	7000 c.	Graisse...........	9000 c.
Bois bien sec........	3600	Pétrole brut.......	11700
Tourbe.............	3000	Gaz des marais....	13000
Houille.............	6000	Hydrogène........	3400

Les propriétés essentielles des combustibles sont :

La combustibilité, l'inflammabilité, l'effet calorique.

5. Notions sur les matières organiques.

Ce nom désignait d'abord les composés, rencontrés dans les organes des animaux et des végétaux, puis il désigna les produits obtenus par la réaction de ces matières les unes sur les autres.

Parmi les substances organiques on remarque les substances organisées, servant aux fonctions vitales.

Leur étude constitue la **chimie biologique.**

Dans les matières organiques, on rencontre un élément constant, le carbone (C), uni à d'autres éléments. (**La quinine** contient C, Az, O, H.)

6. Analyse immédiate.

Très délicate. Nécessité des réactifs n'altérant pas la matière.

Fig. 24. — Analyse par la dialyse.

On analyse quelquefois une matière organique par **triage mécanique, écrasement, compression.**

On obtient ainsi les huiles des graines oléagineuses. On se sert encore de la **dialyse.**

Les substances inégalement volatiles sont séparées par **distillation fractionnée.**

On emploie encore des dissolvants neutres (eau,

alcool, éther, carbures d'hydrogène, liquides, sulfure de carbone).

7. Analyse élémentaire.

Elle fait connaître la nature et les proportions des corps simples qui entrent dans un corps composé.

Due à Lavoisier.

Fondée sur ce fait : **quand on brûle complètement une matière organique, on a de la vapeur d'H^2O, CO^2, Az, AzH^3** (vapeur d'eau, acide carbonique, azote, ammoniac).

On dose le carbone et l'hydrogène en brûlant la substance en présence de l'oxyde de cuivre. On recueille le gaz carbonique (CO^2) et l'eau (H^2O) formés.

Fig. 25. — tube pour distillation fractionnée.

L'oxygène se dose par différence.

Pour cela on dessèche le corps, puis on prépare deux tubes en U, contenant l'un de la ponce sulfurique, l'autre de la potasse caustique, et un tube à boules de Liebig renfermant une solution de KOH (potasse).

On prend un tube en verre vert de Hongrie (1 mètre environ), terminé en pointe à l'une de ses extrémités, ouvert à l'autre.

On l'entoure d'une feuille de clinquant, on y introduit de l'oxyde cuivrique noir (desséché par calcination). On réduit en poudre la substance.

On la pèse, on la mélange à l'oxyde de cuivre, on l'introduit dans le tube.

On le bouche, après avoir rempli avec de l'oxyde. On adapte d'abord le tube à ponce sulfurique, puis le tube à boules, enfin le tube à KOH (potasse). On chauffe sur une grille à gaz.

On porte au rouge d'abord les colonnes d'oxyde

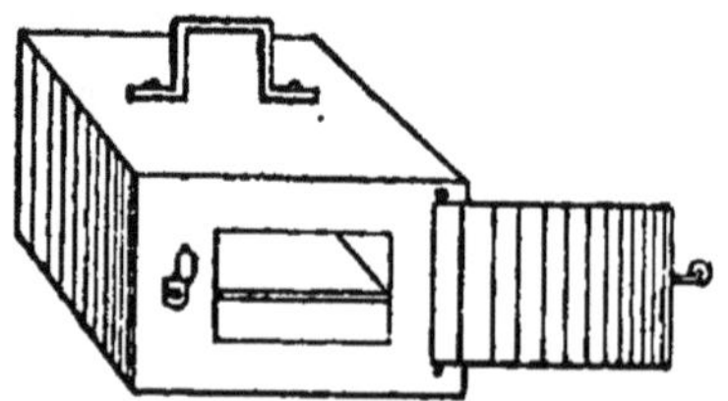

Fig. 25 *bis*. — Étuve à dessécher.

de cuivre, puis on chauffe modérément la matière organique.

Quand le dégagement cesse, on relie la pointe effilée du tube à un appareil producteur d'oxygène pur et sec.

On brise la pointe, ce gaz passe dans le tube maintenu au rouge. Les dernières traces de matière organique sont brûlées, l'eau et le gaz carbonique sont entraînés.

On arrête l'opération quand il ne se dégage que de l'oxygène pur. Le poids du tube à ponce sulfurique fait connaître le poids de H^2O; celui des tubes à KOH fait connaître le poids de CO^2.

On en déduit les poids de carbone hydrogène (C) (H) que contenait la substance.

Si elle ne contient que du carbone, de l'hydrogène et de l'oxygène (C), (H), (O), ce dernier est dosé par différence

S'il y a d'autres éléments, on les dose avant de doser l'oxygène.

On reconnaît qu'une matière est azotée à ce que, chauffée dans un tube de verre, avec un fragment de potasse ou de chaux sodée, elle dégage de l'ammoniac (AzH^3).

8. Analyse d'une matière azotée.

On dose l'azote soit en volumes, soit à l'état d'ammoniaque. Pour doser en volumes, on emploie un tube à combustion.

Au fond de ce tube (long d'un mètre), on met du bicarbonate de sodium pulvérisé et tassé, puis de

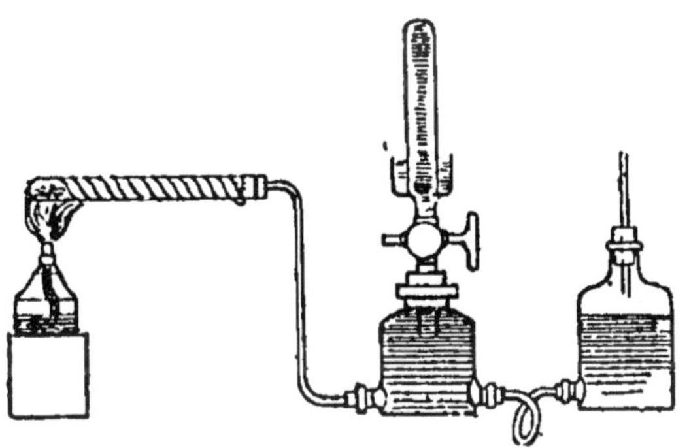

Fig. 26. — Analyse d'une matière azotée.

l'oxyde de cuivre, et le mélange d'oxyde avec la matière.

On place de l'oxyde de cuivre, puis de la tournure de cuivre.

On met le tube sur la grille, et à son extrémité on adapte un tube à dégagement plongeant dans la tubulure inférieure d'un flacon récepteur rempli de potasse caustique.

La douille supérieure porte un robinet et une cuvette.

Une tubulure inférieure fait communiquer ce flacon avec un deuxième flacon qui contient de la potasse.

On chauffe afin de chasser tout l'air. On place ensuite l'éprouvette, et on chauffe au rouge le cuivre, puis l'oxyde de cuivre, et enfin la matière organique mélangée à l'oxyde.

La vapeur d'eau formée se condense dans la cuve.

CO^2 est absorbé par de la potasse (KOH), dans l'eau de la cuve. L'azote est recueilli dans l'éprouvette.

On en détermine le volume.

9. Dosage de l'azote à l'état d'ammoniaque.

On prend un tube de 50 centimètres, ouvert à un bout, fermé à l'autre, entouré de clinquant.

On y introduit un mélange d'oxalate de calcium et de chaux sodée, puis la matière organique, mélangée à de la chaux sodée, enfin, de la chaux sodée.

On place le tube sur la grille à gaz et on y adapte un tube à boules de Will, contenant une liqueur acide titrée (mélange de H^2O et 98 gr. de SO^4H^2 formant un litre).

La réaction de SO^4H^2 (acide sulfurique) sur l'ammoniaque est :

$$SO^4H^2 + 2AzH^3 = SO^4 (AzH^4)^2.$$

Donc 98 gr. d'acide sulfurique (SO^4H^2) sont saturés par 34 gr. d'ammoniaque contenant 28 gr. d'azote.

Donc 10 cc de la liqueur, contenant 0 gr. 98 d'azote, sont saturés par un poids d'ammoniaque contenant 0 gr. 28 d'azote.

On prend avec une solution alcaline le titre de

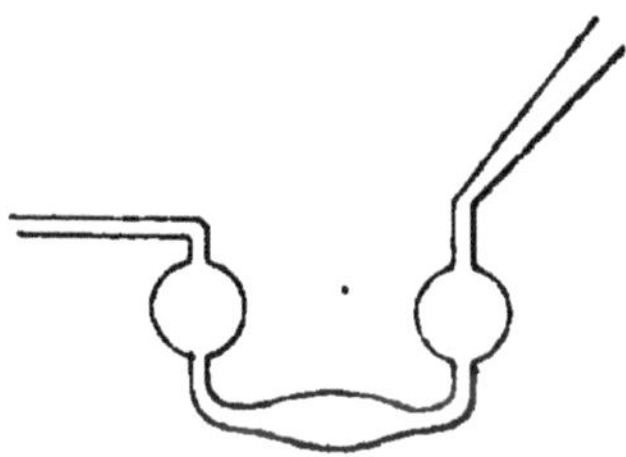

Fig. 27. — Tube de Will.

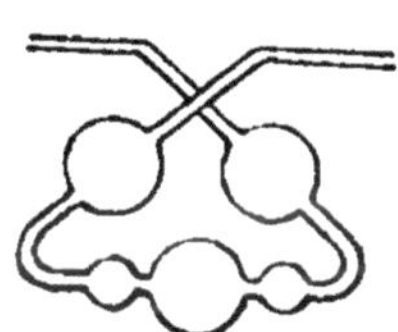

Fig. 28. — Tube de Liebig.

10 cc de la liqueur acide et on en introduit 10 cc dans le tube à boules.

Soit N le nombre de divisions de la burette qu'il faut pour saturer l'acide.

On chauffe d'abord l'extrémité du tube où se trouve l'oxalate de calcium et de la chaux sodée; il se forme de l'hydrogène, qui se dégage. On porte au rouge la chaux sodée des deux extrémités, et progressivement l'on chauffe la matière organique mélangée de chaux sodée.

L'ammoniaque se dégage et passe dans la liqueur acide. Quand l'opération est terminée, on chauffe l'oxalate de calcium, l'hydrogène chasse tout l'ammoniaque et l'entraîne dans la liqueur acide.

On recueille alors l'acide contenu dans le tube à boules.

On détermine avec la même solution alcaline, son nouveau titre.

Soit *n* le nombre de divisions de la burette qu'il faut verser, N — *n* représente le volume de la solution alcaline correspondant à SO^4H^2 neutralisé par l'ammoniaque.

N neutralise 10 centimètres cubes de SO^4H^2 et correspond à 0 gr. 98.

Donc N — *n* correspondra à un poids x :

$$\frac{0,28}{N} = \frac{x}{N - n},$$

$$x = \frac{N - n}{N} 0,28.$$

§ IV

CONNAISSANCES USUELLES SUR L'EAU

1. Propriétés de l'eau.

Liquide, incolore sous une faible épaisseur, bleu sous une plus grande épaisseur, — insipide, inodore.

Sa densité à 4° est prise pour unité.

1 kilog. d'eau, pour passer de 0 à 1°, absorbe une quantité de chaleur prise pour unité (la **calorie**).

Se solidifie à 0° et peut être surfondue jusqu'à — 10°.

L'eau solide est une agglomération de cristaux que l'on voit en hiver, sur les vitres, à l'intérieur des appartements.

Elle augmente de volume en se solidifiant, et peut briser les récipients qui la contiennent.

Elle bout à 100° sous la pression 760^{mm}.

Densité de vapeur 0,622

Elle se volatilise à toute température. Sa vapeur existe toujours dans l'air, provenant de l'évaporation à la surface des lacs, des rivières, des mers;

elle se condense, forme des nuages, retombe en pluie.

Ces propriétés empêchent à la surface de la terre les variations brusques de température qui rendraient impossible l'existence des végétaux et des animaux.

Elles expliquent pourquoi, sur les côtes de la mer, où l'air est saturé de vapeur d'eau, on éprouve

Fig. 29. — Cristaux de neige ou de glace.

de moins grands froids en hiver et des chaleurs moindres en été.

L'eau de pluie contient en dissolution principalement du gaz carbonique (CO^2), oxygène, azote, ammoniaque et azotate d'ammoniaque.

En arrivant sur le sol, l'eau y pénètre.

S'accumule dans les parties où le fond est argileux.

Dans le sol, les **eaux minérales** prennent leurs propriétés et sont des agents thérapeutiques. — On distingue :

Eaux gazeuses.

Saveur aigrelette, moussent en dégageant CO^2 (gaz carbonique) : Seltz, Pougues, Soulzmatt.

Eaux alcalines.

Saveur âcre, contiennent bicarbonate de sodium : Vichy, Vals, Bussang, St-Nectaire, Ems.

Eaux sulfureuses.

Odeur fétide, contiennent acide sulfhydrique : Cauterets, Barèges, Bagnères, Enghien.

Eaux ferrugineuses.

Saveur styptique, contiennent bicarbonate de fer : Spa, Orezza, ou du sulfate de fer : Passy, ou de l'acide crénique.

Eaux salines.

Contiennent : chlorures, bromures, iodures alcalins : Bourbonne, Salies-de-Béarn, Plombières, Miers, Carlsbad, Sedlitz, Pullna, Hunyadi-Janos.

2. Eaux courantes.

Contiennent en dissolution des matières que l'on reconnaît :

Carbonate de calcium.

On verse dans l'eau quelques gouttes d'une dissolution alcoolique de bois de Campêche : coloration violette s'il y a beaucoup de carbonate, rose s'il y en a peu.

Chaux (quel que soit son état).

L'oxalate d'ammonium donne un précipité d'oxalate de calcium insoluble dans l'acide acétique, soluble dans l'acide azotique étendu.

Chlorures.

Avec l'azotate d'argent, précipité caillebоté de chlorure d'argent, insoluble dans l'eau, soluble dans l'ammoniaque.

Matières organiques.

Portée à l'ébullition avec quelques gouttes de chlorure d'or, l'eau prend une coloration brune. Colorée en rouge violet par du permanganate de potassium en solution acide, elle se décolore à l'ébullition.

Sulfates.

L'azotate de baryum donne un précipité blanc de sulfate de baryum, insoluble dans l'eau et l'ammoniaque.

Les eaux **séléniteuses** contiennent une grande quantité de sulfate de calcium, sont impropres au savonnage, à la boisson, à la cuisson; s'appellent encore eaux dures, lourdes.

Un essai hydrotimétrique reconnaît si une eau n'est pas dure.

On prépare une dissolution de 100 gr. de savon

blanc et sec dans 1600 gr. d'alcool à 90° et on ajoute un litre d'eau distillée.

A l'aide d'une burette hydrotimétrique divisée en parties d'égale capacité, on verse goutte à

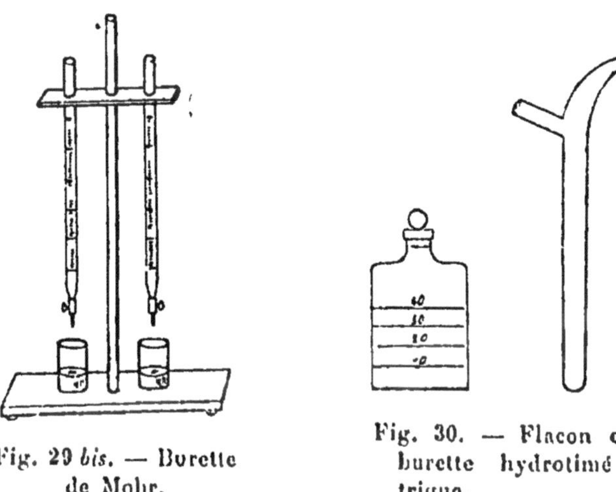

Fig. 29 *bis*. — Burette de Mohr.

Fig. 30. — Flacon et burette hydrotimétrique.

goutte cette liqueur limpide dans 40 cc. d'eau à essayer et l'on agite jusqu'à ce qu'on ait une mousse persistante.

Le nombre de divisions, moins une, de la burette, employées pour obtenir ce résultat mesure le **degré hydrotimétrique** de l'eau.

L'eau à essayer est contenue dans un flacon appelé hydrotimètre, divisé en 4 parties égales chacune à 10 cc.

De 0° à 30° les eaux sont bonnes pour l'alimentation et les usages domestiques.

De 30° à 60°, impropres à ces usages, mais servent aux chaudières à vapeur.

Au-dessus de 60° impropres à tous les usages.

On améliore les eaux séléniteuses par l'addition d'un peu de carbonate de calcium, précipitant la chaux à l'état de carbonate insoluble.

On reconnaît encore qu'une eau est propre à la

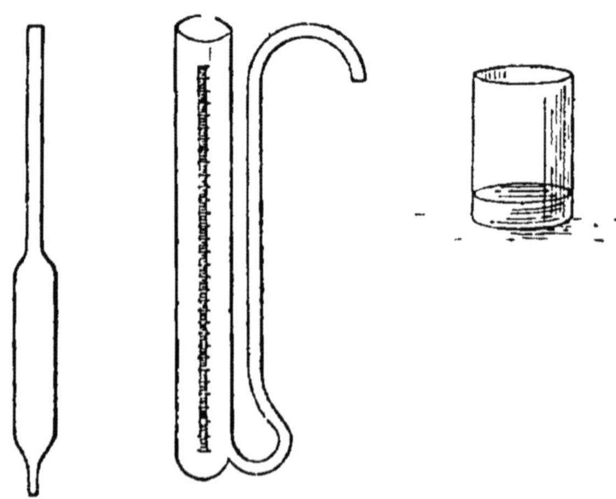

Fig. 30 *bis*. — Éprouvette graduée et pipette.

boisson (potable) à ce qu'elle ne forme pas de grumeaux avec une dissolution alcoolique de savon.

Avec la teinture de campêche elle donne une coloration rose.

Eaux incrustantes.

Contiennent beaucoup de carbonate de calcium; impropres au savonnage, incrustent les conduits, sont appelées eaux pétrifiantes (eaux de Sainte-Allyre à Clermont-Ferrand).

3. Eau potable.

Bonne à la boisson. Doit être limpide, fraîche, saveur agréable, cuire les légumes, dissoudre le savon, être imputrescible, contenir en faible quantité des matières salines dissoutes.

Évaporé à siccité, un litre d'eau potable doit laisser un résidu inférieur à 0 gr. 5.

L'eau doit être aérée, séjourner à l'air et en contenir les gaz.

Boussingault attribue les goitres des habitants des plateaux voisins des glaciers à ce que l'eau provenant de la fonte des glaces n'est pas aérée.

Les marins exposent à l'air l'eau obtenue par la distillation de l'eau de mer.

Les carbonates acides rendent l'eau digestive, car au contact de l'air il y a dégagement de gaz carbonique.

Les matières calcaires ont une influence remarquable au point de vue de l'alimentation.

L'eau pure dissout les sels de plomb; l'eau renfermant des matières calcaires ne les dissout pas.

On peut donc laisser circuler dans des tuyaux de plomb des eaux renfermant des matières calcaires comme les eaux courantes, mais il serait dangereux d'y laisser pénétrer de l'eau de pluie destinée à l'alimentation.

4. Gaz dissous dans l'eau.

On les recueille en faisant bouillir l'eau.

Les gaz se dégagent.

On emploie un ballon complètement rempli d'eau. La figure indique la marche de l'opération.

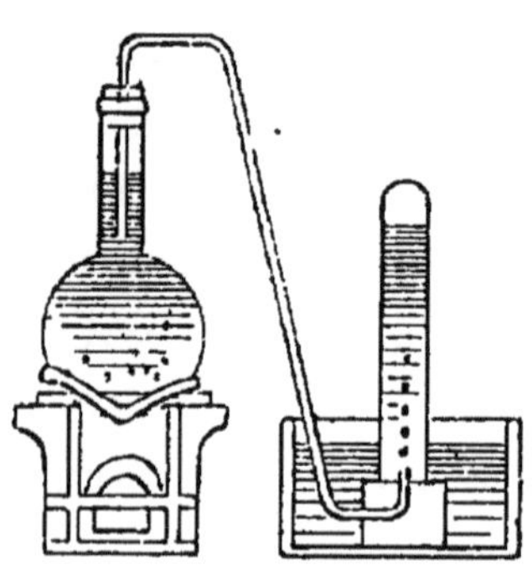

Fig. 31. — Extraction des gaz de l'eau.

Ces gaz dissous sont l'oxygène, l'azote, le gaz carbonique, l'hydrogène sulfuré et l'ammoniaque.

5. Eau de mer.

Contient surtout chlorure de sodium et magnésium.

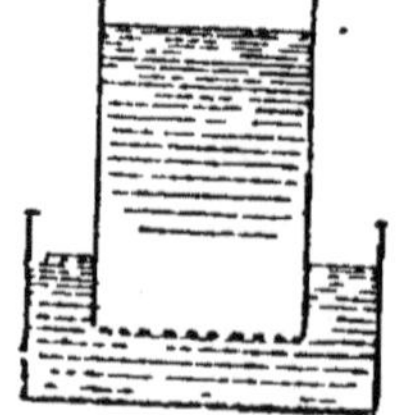

Fig. 32. — Filtre à charbon de bois

Composition très variable, plus pure dans les mers glaciales que dans les mers intérieures.

On y trouve des bromures de magnésium, des sels de potassium, de l'argile.

6. Purification de l'eau.

Les eaux chargées de matières organiques (mares, étangs) se corrompent facilement : elles sont privées d'oxygène.

On les améliore en les faisant filtrer à travers une couche de charbon de bois, comprimée entre deux couches de sable. On laisse ensuite s'aérer par agitation au contact de l'air.

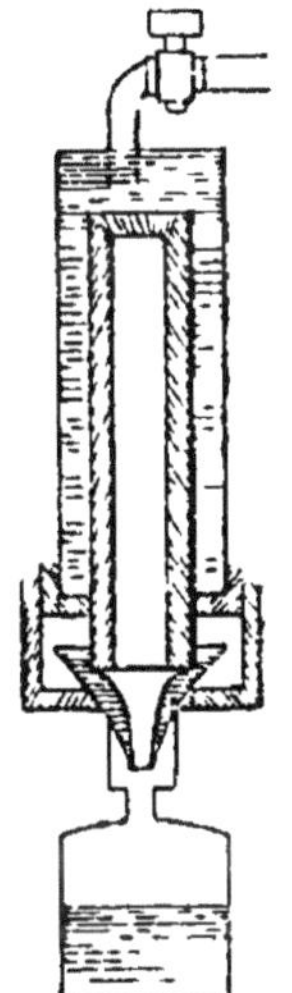

Fig. 33. — Filtre Pasteur ou filtre Chamberland.

Les eaux potables, quelquefois souillées par des infiltrations, contiennent des germes de microbes infectieux (fièvre typhoïde).

Il faut soumettre ces eaux à l'ébullition, qui détruit les germes, et les laisser s'aérer.

On peut utiliser le filtre à porcelaine d'amiante ou le filtre Chamberland, qui se compose d'une bougie (cylindre creux), en porcelaine dégourdie, biscuit, fixé dans une enveloppe métallique qui reçoit le liquide à filtrer.

L'eau arrive sous pression et traverse seule la porcelaine dégourdie.

7. Eau distillée.

On se sert d'un alambic en cuivre où l'on chauffe de l'eau à la température d'ébullition.

La cuve s'appelle cucurbite.

La vapeur s'élève dans le chapiteau et va se condenser dans le serpentin, entouré d'un réfrigérant.

Les matières solides en dissolution sont fixées à la température d'ébullition : elles restent dans l'alambic.

Les premières bulles sont rejetées, elles contiennent de l'ammoniaque.

Il ne faut pas aller jusqu'au bout, parce que les

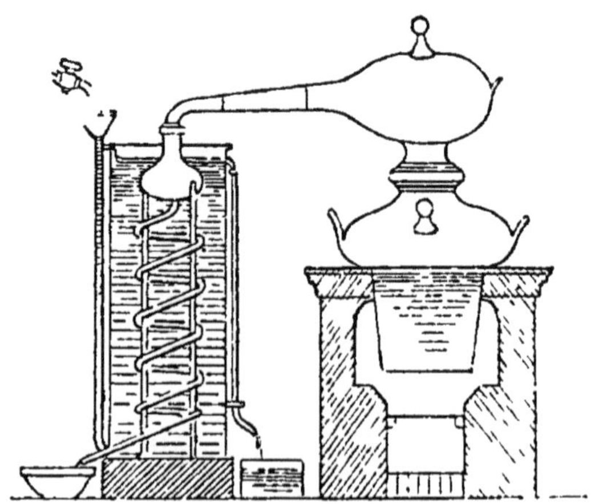

Fig. 34. — Alambic.

chlorures se décomposeraient en donnant des oxydes et de l'acide chlorhydrique volatil qui passerait.

Si l'eau contient des carbonates acides, on ajoute dans l'alambic de la chaux.

8. Nature de l'eau.

Établie par Lavoisier et Meunier, qui en firent la synthèse.

Dans un ballon plein d'oxygène on fait arriver un courant d'hydrogène par un tube effilé.

Des étincelles électriques jaillissent entre deux boutons métalliques, enflamment ce jet.

La combustion produit de l'eau.

Analyse :

On la décompose par le fer. L'augmentation du poids du fer donne le poids de l'oxygène qui entre dans un poids déterminé d'eau.

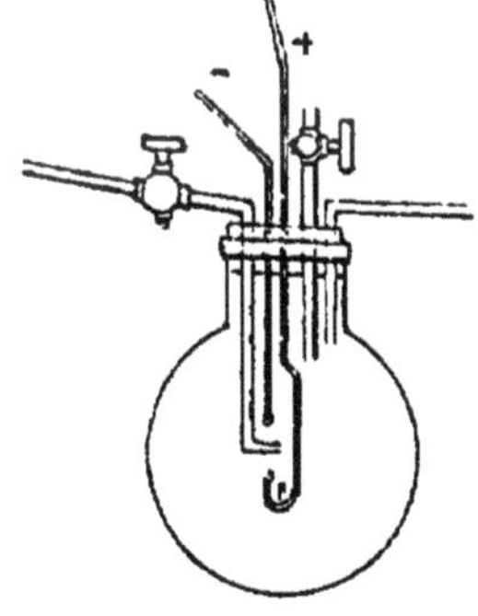

Fig. 35. — Expérience de Lavoisier et Munier.

Le poids de l'hydrogène se déduit de son volume et de sa densité.

Signalons la synthèse eudiométrique due à Gay-Lussac et à de Humbold.

L'eudiomètre de Riban est un tube de verre; deux fils de platine traversant les parois supérieures sont soudés à 2 mm. l'un de l'autre et affleurent seulement à la surface interne. On met 100 volumes d'oxygène et

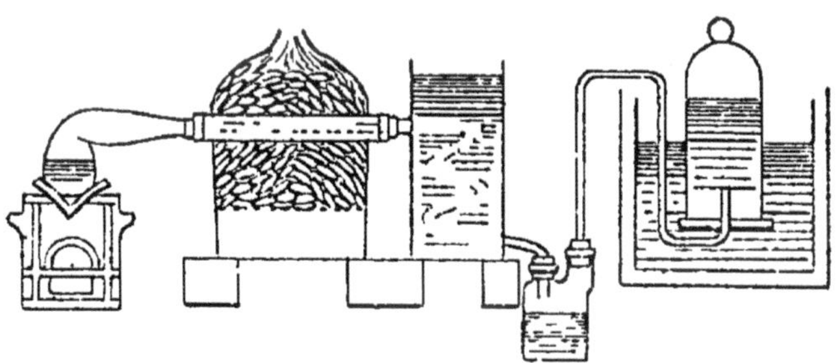

Fig. 36. — Analyse de l'eau par le fer.

100 volumes d'hydrogène pur et on excite l'étincelle.

Il se forme de l'eau et il reste 5 volumes d'oxygène absorbables par le phosphore (P).

Dumas, en 1843, détermina exactement la composition en poids de l'eau.

Il trouva :

H :	11,111
O :	88,889
	100.

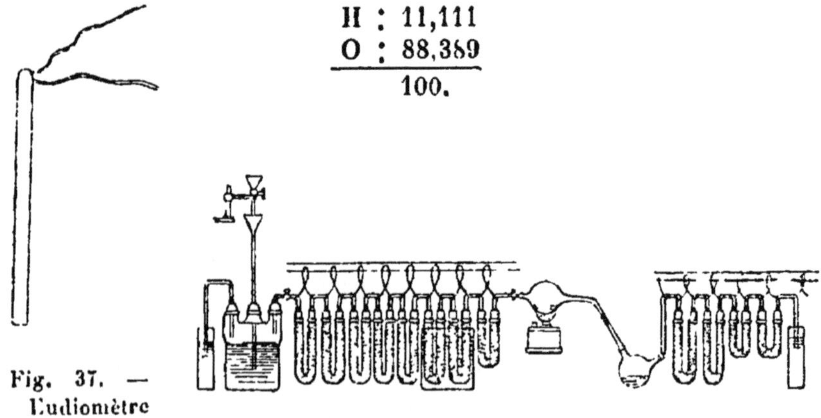

Fig. 37. — Eudiomètre Riban.

Fig. 38. — Expériences de Dumas.

9. Propriétés chimiques de l'eau.

Se dissocie sous l'influence de la chaleur; est décomposée au rouge par le charbon.

$$C + 2H^2O = CO^2 + 2H^2,$$

ou

$$C + H^2O = CO + H^2.$$

Quelques métaux décomposent l'eau à la température ordinaire, tels que le potassium (K) et le sodium (Na).

L'eau combinée aux anhydrides donne des acides.

Exemple : acide phosphorique (Po^3H). Elle joue le rôle d'acide vis-à-vis des oxydes basiques :

$$CaO + H^2O = Ca(OH)^2.$$

10. Lois de la solubilité.

1° *Loi de Henry, 1803.*

L'eau en contact avec une atmosphère indéfinie d'un gaz en dissout un volume qui, ramené à la pression de cette atmosphère, est pour une température donnée dans un rapport constant avec le volume du liquide.

2° *Loi de Dalton, 1805.*

L'eau, en présence d'une atmosphère formée de plusieurs gaz, dissout chacun d'eux comme s'il était seul.

§ V

NOTIONS USUELLES SUR L'AIR

1. Composition.

L'air est un mélange d'oxygène, d'azote, d'argon, d'hélium.

Incolore sous une faible épaisseur, bleu (couleur due à l'ozone) sous une grande épaisseur.

Liquefié en 87 par Cailletet. D $= \frac{1}{773}$ de celle de l'eau.

Un litre d'air sec à 0° et à 760 mm. pèse 1 gr. 293.

La composition de l'air pur est sensiblement constante. Dumas et Boussingault l'ont prouvé, en analysant l'air puisé dans des régions très éloignées. Les analyses de Bunsen à Marbourg, de Frankland à Chamonix, de Brünner à Genève, de Stas à Bruxelles, s'accordent sur ce point.

2. L'air est un mélange.

Car on n'a pas un rapport simple entre les volumes des gaz qui le constituent.

S'il était une combinaison d'oxygène, d'azote, d'argon, d'hélium, en dissolvant cet air dans l'eau la dissolution ne suivrait pas les lois énoncées plus haut.

En mélangeant l'oxygène, l'azote, l'argon, l'hélium dans les proportions qui constituent l'air, on a un gaz présentant les mêmes propriétés que l'air, sans phénomène thermique.

3. Argon et hélium.

La composition de l'air est à peu près la suivante : 79 volumes d'azote, 21 volumes d'oxygène, $\frac{1}{100}$ d'argon, $\frac{1}{10000}$ d'hélium.

L'argon, découvert en 1894 par Rayleigh et Ramsay, est un gaz inodore, sans saveur :

2 raies dans le rouge, D = 1,40, liquéfié et solidifié par Olszewki, bout à — 187°, point critique — 121°.

Plus soluble que Az dans H^2O.

Se combine à la vapeur de benzine, de sulfure de carbone, sous l'influence des effluves, se sépare de l'azote en absorbant ce gaz par le magnésium ou par le lithium au rouge sombre.

L'hélium a une raie jaune, deux vertes, plusieurs violettes.

S'extrait de la clavéite (formé d'oxydes d'urane), D = O, 139, le plus léger des gaz après l'hydrogène.

4. Altérations de l'air.

Confiné dans une enceinte, l'air s'altère.

Un homme brûle par la respiration, en une heure, l'équivalent de 12 gr. de carbone, qui produit 22 litres de gaz carbonique (CO^2).

L'air sortant des poumons contient 4 p. 100 de ce gaz.

Le séjour prolongé des personnes dans un local fermé est accompagné d'un malaise dû au gaz carbonique (CO^2) produit, et aux émanations animales accompagnant les respirations cutanée et pulmonaire.

Pour respirer pendant une heure, un homme a besoin de 10 mètres cubes d'air.

5. Propriétés de l'air.

Dues aux gaz qui le composent; son rôle dans la combustion, dans la **respiration** est dû à l'oxygène.

Le sang de l'homme et des animaux contient une substance cristallisée, l'**hémoglobine**.

Quand le sang arrive aux poumons, l'hémoglobine forme avec l'oxygène une combinaison peu stable, l'oxy-hémoglobine, et le sang **veineux noir** se transforme en **sang artériel rose**.

Ce sang se répand dans les diverses parties du corps : l'**oxy-hémoglobine** abandonne aux tissus son oxygène et se transforme en **hémoglobine**.

Le sang revient alors aux poumons chargé de gaz carbonique (CO^2) qu'il abandonne pour se charger de nouveau d'oxygène; l'azote intervient dans la végétation.

Le gaz carbonique sert à faciliter la dissolution dans l'eau du phosphate et du carbonate de calcium,

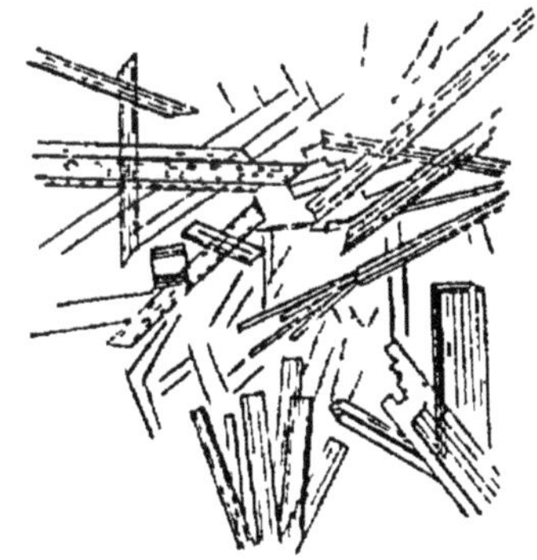

Fig. 38 *bis*. — Hémoglobine du sang de l'homme.

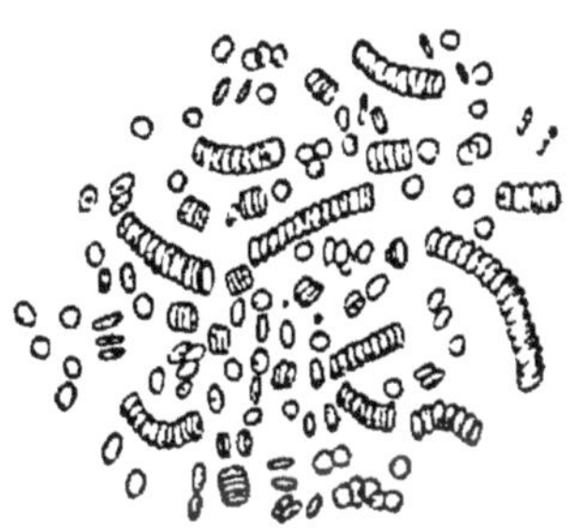

Fig. 38 *ter*. — Globules du sang de l'homme.

à la nourriture des plantes, car la chlorophyle le décompose, fixe le carbone sur la plante et rejette l'oxygène.

La vapeur d'eau sert à entretenir les conditions d'humidité nécessaires à la vie des animaux et des végétaux.

Elle empêche les variations brusques de température. Sur les côtes de la mer, où l'air est saturé, on éprouve en hiver des froids moindres, et en été des chaleurs moindres, car si la température baisse la vapeur d'eau se liquéfie et restitue la chaleur de vaporisation.

Si la température s'élève, l'eau se vaporise et absorbe de la chaleur.

6. Gaz contenus dans l'air.

Outre ces gaz, il y a dans l'air de l'ozone, de l'ammoniaque, de l'azotate d'ammonium, des carbures d'hydrogène.

Dans l'air des villes industrielles, il y a en plus de l'anhydride sulfureux.

7. Impuretés.

Les filaments et corpuscules, vus en si grand nombre, quand un rayon de soleil filtre par une petite ouverture, sont surtout des germes variés, qui, d'après Pasteur, placés dans des conditions favorables, reproduisent les moisissures, les bactéries, tous les êtres organisés, dont on attribuait l'origine à des générations spontanées.

8. Expériences de Lavoisier.

En 1775, il montra que l'air est un mélange.

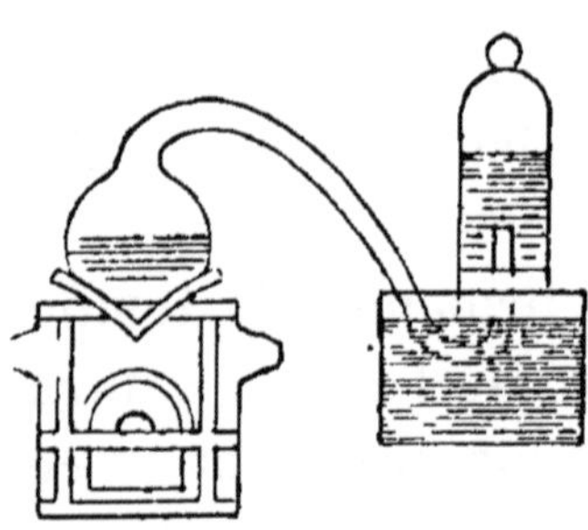

Fig. 39 — Expérience de Lavoisier.

Il mit 4 onces de mercure dans un ballon, qui fut placé sur un fourneau.

L'extrémité de son col aboutissait au haut d'une cloche aux trois quarts remplie d'air.

Portant le mercure à l'ébullition pendant douze jours, des pellicules rouges apparurent à la surface. Après refroidissement, le mercure (Hg) monta dans la cloche plus haut que dès l'abord.

Le volume de l'air avait diminué de 50 pouces cubiques. Le gaz restant était de l'azote.

Quant aux pellicules rouges, leur poids était de 45 grains.

Chauffées dans une cornue, elles reproduisirent l'oxygène et le mercure.

9. Analyses de l'air.

1° *Phosphore à froid.*

Une éprouvette graduée repose sur l'eau.

Elle contient 100 cc. d'air, on introduit des bâtons de phosphore (P); au bout d'une heure, on les retire. Il reste dans l'éprouvette environ 79 vol. d'azote.

Il y avait donc environ 21 vol. d'oxygène.

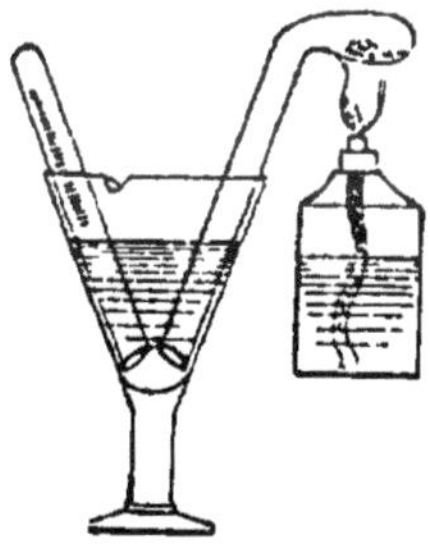

Fig. 40. — Analyse de l'air par le phosphore.

2° *Phosphore à chaud.*

Introduit dans une éprouvette courbe, portant une cavité, on le chauffe avec une lampe à alcool pour enflammer la vapeur.

La flamme pâle obtenue s'avance progressivement, absorbant l'oxygène.

Quand elle est au niveau de l'eau, l'éprouvette contient 79 vol. d'azote.

Il a donc disparu environ 21 vol. d'oxygène.

3° *Acide pyrogallique et potasse.*

En présence d'un excès de potasse (KOH), le pyrogallol absorbe l'oxygène.

Faisons passer 100 cc. d'air (sur la cuve à Hg) dans une éprouvette graduée.

Introduisons une dissolution de potasse caustique, et une dissolution d'acide pyrogallique, faite à l'instant même.

La dissolution se colore en brun.

En agitant, l'oxygène est absorbé, en transportant sur la cuve à eau, l'acide pyrogallique est entraîné

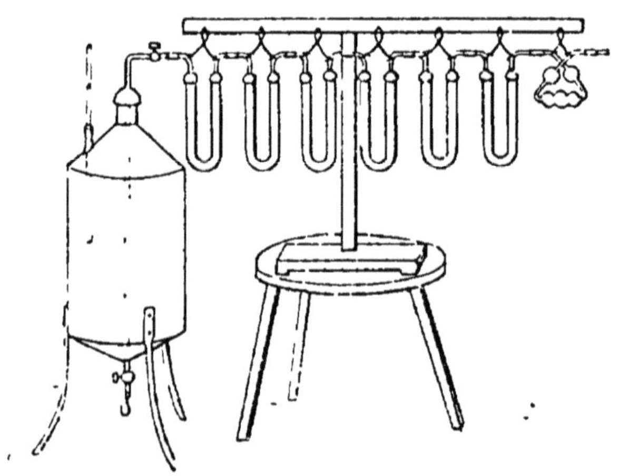

Fig. 40 *bis*. — Détermination de la vapeur d'eau et du gaz carbonique dans l'air.

au fond, l'eau monte dans l'éprouvette et l'on mesure le nouveau volume (79 d'Az).

4° On peut employer encore la méthode eudiométrique déjà signalée.

5° Dumas et Boussingault ont établi en poids, par une méthode précise, la composition de l'air.

Ils ont trouvé en poids :

$$\begin{array}{ll} O : & 23 \\ Az : & \underline{77} \\ & 100 \end{array}$$

en volume :

$$\begin{array}{ll} O : & 20,8 \\ Az : & \underline{79,2} \\ & 100. \end{array}$$

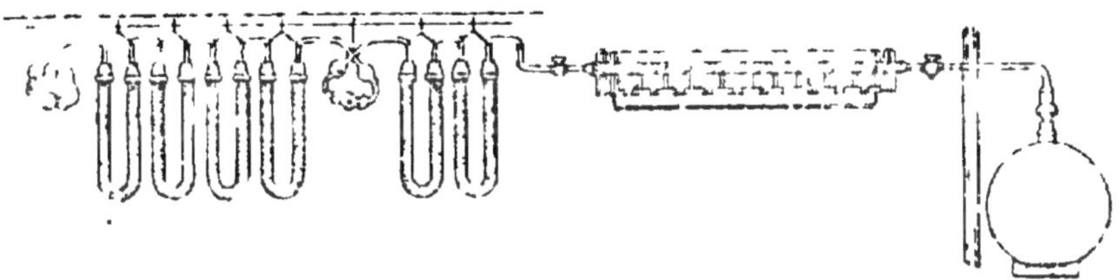

Fig. 41. — Expériences de Dumas et Boussingault.

10. Remarque.

L'existence du gaz carbonique (CO^2) dans l'air se manifeste en exposant à l'air un vase plein d'une dissolution limpide d'eau de chaux : la surface se recouvre de particules de carbonate de calcium.

La vapeur d'eau se reconnaît aux dépôts de rosée.

La quantité de vapeur d'eau est essentiellement variable.

Le gaz carbonique est en quantité sensiblement constante (4 à 6 millim.).

Une des causes de cette constance est la dissociation du bicarbonate de calcium, dissous dans les eaux de la mer et dans les eaux courantes.

Quand la quantité de gaz carbonique tend à diminuer, la dissociation du bicarbonate tend à en fournir.

Quand la proportion de ce gaz augmente, l'eau le dissout; il se reforme du bicarbonate de calcium.

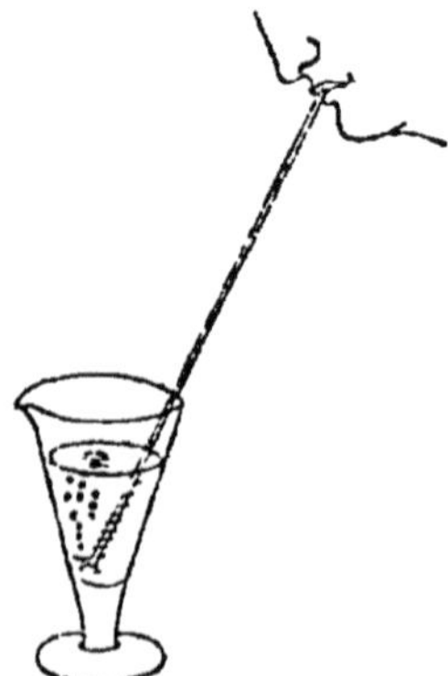

Fig. 41 *bis*. — Action d'un courant d'air dans une dissolution limpide d'eau de chaux.

§ VI

DÉSINFECTANTS

1. Agents de désinfection.

Sont chimiques ou physiques.

Les premiers, très nombreux, sont désodorisants et microbicides. Citons :

1° *Agents chimiques.*

Le *sublimé* (bichlorure de mercure, HgCl). — Le charbon asporogène et le bacille du choléra sont tués en une heure (à 36°) par le sublimé à $\frac{1}{100,000}$, en 5 minutes par une solution de $\frac{1}{50,000}$.

On emploie ces solutions chaudes, la température jouant un rôle dans la destruction des microbes.

Pour la pratique on adopte la solution de $\frac{1}{1000}$: peu toxique pour l'homme, car il faut 60 centigr. de sublimé pour tuer un adulte.

On rend acides les solutions de sublimé par l'acide tartrique et l'acide chlorhydrique.

On lui ajoute du chlorure de sodium.

Dans l'armée la solution se fait avec un gramme de sublimé et un gramme de sel marin, par litre.

Cependant il faut renoncer à désinfecter par le sublimé les crachats, vomissements, matières fécales. On ne s'en sert pas pour les vêtements et les linges; mais on l'emploie en lavages ou en pulvérisations à tous les objets où n'entre pas de métal.

Le prix du sublimé est peu élevé.

N'a aucune odeur.

2° *Sulfates de cuivre, de fer, de zinc.*

Très en vogue autrefois.

On ne se sert plus aujourd'hui que du sulfate de cuivre, peu coûteux, peu dangereux à manier.

On l'emploie à 5 p. 100 pour les matières fécales.

On fait chauffer les solutions.

3° *Les alcalis.*

(*a*) LA CHAUX.

La chaux vive tue les bacilles du charbon, du choléra, de la fièvre typhoïde, de la diphtérie.

Le lait de chaux est plus actif.

Il est recommandé pour désinfecter les fosses d'aisances.

Le badigeonnage à la chaux des murailles pratiqué dans les casernes, est une désinfection des surfaces; on en passe plusieurs couches, après avoir frotté les murailles avec de la mie de pain.

(b) LESSIVES.

Sont des antiseptiques remarquables par l'emploi de la soude et de la potasse.

Les savons alcalins ordinaires et le savon noir sont de bons désinfectants.

4° *Acide phénique et crésols.*

La solution à 5 p. 100 de l'acide phénique tue les bacilles tuberculeux en 5 minutes, même dans les crachats (10 fois plus cher que le sublimé).

L'acide phénique brut, souvent employé, renferme des crésols, qui ont un pouvoir désinfectant très grand, mais n'agissent que traités par SO^4H^2, qui les rend solubles.

Le crésyl est une préparation neutre de crésol.

Il stérilise en quelques minutes les crachats de tuberculeux.

Le solvéol, le solutol, le lysol sont des solutions neutres ou alcalines de crésols.

Le saprol en est une solution dans une huile minérale (peu avantageux).

Le prix de ces désinfectants est élevé.

On ne s'en sert que pour stériliser les selles des malades dans les bassins, à nettoyer les linges.

5° *Les essences.*

L'essence de cannelle tue le bacille typhique en 12 minutes.

L'essence de girofle en 25 minutes.

Celle du thym en 35 minutes.

Les vapeurs émises à la température ordinaire par ces essences détruisent de grandes proportions de microbes.

L'essence d'amandes amères, en 48 heures, tue 99 germes p. 100, l'essence de cumin, 95...

Ces vapeurs ne détériorent pas.

6° H^2O^2 (eau oxygénée) acide ou neutre tue les spores du charbon en 15 ou 30 minutes à 15° (cher et peu stable).

7° Acide sulfureux.

Très douteux, n'est employé qu'en Allemagne.

Maniement incommode; la combustion du soufre est un danger d'incendie.

8° Chlore.

Les vapeurs d'HCl (acide chlorhydrique) peuvent rendre quelques services, mais l'action n'est que superficielle.

Elle n'est efficace que si la proportion de vapeurs augmente.

Elles deviennent alors dangereuses. — Le chlore, à l'état dissous, a un pouvoir microbicide important.

Son odeur le rend désagréable.

On s'adresse alors au chlorure de chaux, aux hypochlorites (eau de Javel, eau de Labarraque), surtout en dissolutions chaudes, qui servent à désinfecter les selles, les urinoirs.

Pour ces derniers on utilise de préférence le chlorure de chaux en poudre.

9° L'aldéhyde formique ou formol.

Une solution de $\frac{1}{400}$ donne à la température ordinaire des vapeurs qui tuent les spores du charbon en 48 heures.

Désinfectants physiques : 1° L'incinération.

Brûler les objets infectés, vêtements hors d'usage, chiffons, paille des paillasses.....

2° Frictions des parois à la mie de pain.

Employé dans les casernes.

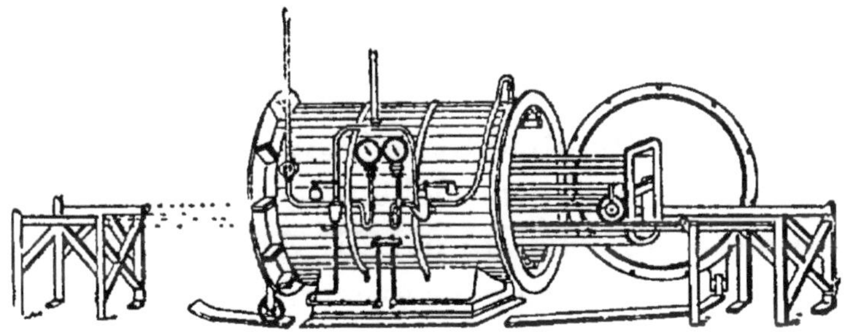

Fig. 41 *ter.* — Étuve à vapeur.

3° L'eau bouillante.

Microbicide puissant.

4° L'air chaud.

Employé dans les étuves, mais peu.

5° Les vapeurs.

La vapeur surchauffée, la vapeur saturée circulante, sous pression, la vapeur saturée circulante sous faible pression, la vapeur saturée dormante, sous pression.

2. Action de la chaleur pour la destruction des microbes.

Un organisme vivant se développe à une température déterminée.

Si cette température augmente ou diminue, il arrive un moment où la vie de l'organisme est impossible :

Les grands froids et les grandes chaleurs sont mortels pour la plupart des êtres organisés.

Les températures basses (dans les limites qui ont pu être atteintes) ne détruisent pas en général les microbes, mais empêchent leur développement.

Ce fait a été constaté par M. Arlang.

Voici trois expériences exécutées à Genève en 84 par Pictet et Juncy :

1° Ils soumirent des bouillons de culture pendant 24 heures à un froid de — 70°, produit avec l'acide sulfureux liquide;

2° A un froid de — 70 à — 76° produit, pendant

84 heures, avec de l'acide carbonique solide, à la pression ordinaire;

3° Pendant 20 heures à un froid de — 120 à — 130°, produit par l'acide carbonique solide et une certaine dépression.

Après ces réfrigérations, la force et la végétabilité des microbes étaient encore conservees :

Le froid ne les détruit donc pas, mais empêche leur développement.

Au contraire, les microbes ne résistent pas à une température supérieure à 100°.

Leurs spores sont tués entre 110 et 125°.

Les microbes ou leurs germes, à l'état sec, présentent une résistance bien plus grande qu'à l'état frais (non desséchés).

Ainsi, dans les laboratoires, on stérilise les bouillons de culture à 100 ou 115° et les objets en verre à des températures supérieures à 200°.

Pour stériliser les crachoirs, on brûle leur contenu au feu, on les nettoie ensuite dans l'eau bouillante, ou mieux encore on les plonge dans H^2O chauffée à une température supérieure à celle de l'ébullition.

La stérilisation des crachats desséchés est ainsi obtenue.

3. Pratique de la désinfection.

Locaux.

Il est à désirer que chaque appartement soit muni d'une **chambre à malades**, à parois imper-

RF

méables, faciles à laver, sans tapis, sans meubles; en attendant, il faut recourir à des procédés qui ne détériorent pas. En France, on emploie spécialement la pulvérisation du sublimé.

Les solutions antiseptiques et chaudes de crésols, chlorures de chaux, doivent être employées toutes les fois que les surfaces sur lesquelles on les applique, n'ont rien à craindre de leur action, comme dans les casernes.

Les boiseries et les parquets de luxe sont humectés avec un chiffon imprégné d'acide phénique à 2 p. 100, puis séchés rapidement.

Le linge, les vêtements, la literie sont désinfectés dans des étuves à vapeur.

Il vaudrait mieux employer les lessives bouillantes, car les traces de sang, de matières fécales... peuvent être rendues indélébiles par la vapeur, dans l'étuve.

Les tapis, les tentures sont envoyés à l'étuve, qui ne les altère pas.

Les cuirs, les fourrures, les bois, les meubles sont lavés avec des antiseptiques.

Les selles, les matières vomies sont désinfectées par l'acide phénique, le lysol, le sulfate de cuivre (jamais le sublimé).

Pour les fosses d'aisances on utilise le lait de chaux ou le charbon en poudre.

Remarque.

1° Les locaux à désinfecter doivent être fermés pendant deux ou trois heures afin que les microbes

se fixent sur les murs, sur les meubles ou sur le plancher. On pénètre ensuite dans le local en agitant l'air le moins possible.

On procède ensuite comme il a été dit, après avoir frotté les surfaces à la mie de pain, que l'on brûle ensuite.

2° On emploie encore les **eaux alcoolisées**, dans le pansement des plaies, des ulcères, des trajets fistuleux, le borax, le goudron, les acides salicylique, borique, acétique, la benzine, le thymol, l'iodol.

4. Conservation des matières alimentaires.

Les procédés sont :

Dessiccation, fumage, salaison, emploi des antiseptiques (tous sont étrangers à l'économie et par suite inassimilables).

Quelques-uns de ces antiseptiques sont utilisés à forte dose, et sont nuisibles.

Toutefois, les bouchers emploient l'acide borique, le borax en poudre; ce sont des antiseptiques douteux.

L'acide salicylique est puissant, mais dangereux, pour le consommateur.

La créosote, qui existe en vapeur dans la fumée du bois, est un bon antiseptique.

C'est grâce à elle que se conservent les viandes fumées : jambons, harengs saurs.

On y ajoute l'action du sel marin.

L'alcool, employé pour la conservation des fruits

dits à l'eau-de-vie, pour les collections d'histoire naturelle, est un bon antiseptique.

On se sert du sel **Alembroth**, pour rendre les pièces d'anatomie imputrescibles et inattaquables par les insectes.

L'**enrobement**, qui consiste à mettre les matières alimentaires à l'abri de l'air.

La stérilisation par la chaleur et la réfrigération, les extraits, les poudres, les soupes.

§ VII

SOUFRE

1. État naturel.

Se trouve en Sicile à l'état natif.

Dans les dépôts de marne, dans les émanations volcaniques, dans certains cours d'eau.

Se trouve à l'état de sulfures métalliques.

Exemple : cinabre (sulfure de mercure), galène (sulfure de plomb), blende (sulfure de zinc), pyrite (sulfure de fer).

A l'état de sulfates.

Exemple : gypse (sulfate de calcium), Spath pesant (sulfate de baryum); se trouve encore :

Dans la fibrine, l'albumine, la caséine, la bile, la laine, les cheveux, le radis, le raifort, l'ail, les eaux minérales de Barèges, de Cauterets, les sulfuraires, la glairine, la barégine.

2. Extraction du soufre.

1° *Des dépôts.*

Dans un premier procédé, on forme avec le

minerai des grands tas (calkéroni), analogues à ceux des charbonniers.

En déterminant la combustion d'une partie de soufre, on obtient la chaleur nécessaire pour

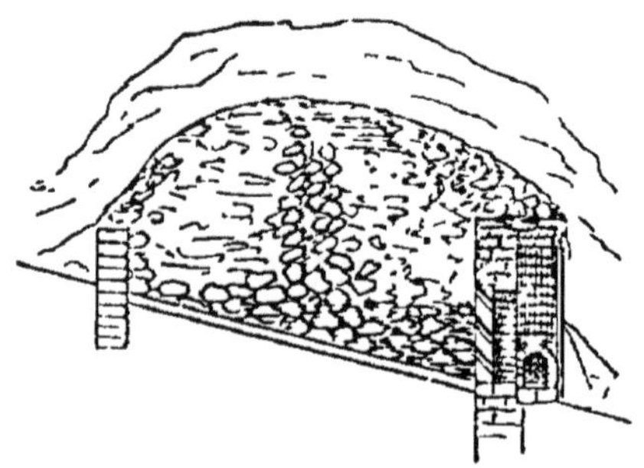

Fig. 42. — Extraction du soufre des dépôts.

chauffer la masse, déterminer la fusion et l'écoulement du soufre. Le rendement est d'environ de 10 à 15 p. 100.

Par distillation.

On met le soufre dans des pots en terre, rangés sur deux files, dans un fourneau de galère.

Fig. 43. — Préparation du soufre par distillation.

Ces pots communiquent avec des pots semblables à l'extérieur du fourneau.

Ces derniers, munis d'un robinet, laissent écouler le soufre fondu provenant de la distillation.

2° *Des pyrites.*

On met la pyrite dans des cornues coniques, en grès, placées transversalement et inclinées, dans un fourneau de galère.

Un tube à dégagement conduit le soufre dans un récipient contenant de l'eau :

$$3FeS^2 = S^2 + Fe^3S^4.$$

Fig. 44. — Préparation du soufre par les pyrites.

3. Raffinage du soufre.

On emploie une cornue cylindrique horizontale, qui reçoit le soufre fondu

Fig. 45. — Raffinage du soufre.

d'une chaudière supérieure où l'on place le soufre brut.

La vapeur se rend dans une grande chambre en maçonnerie, dont le sol incliné vient aboutir à une ouverture que l'on peut ouvrir et fermer à volonté.

Elle se condense.

Dans les premiers moments on a de la fleur de soufre que l'on peut recueillir, puis du soufre liquide que l'on verse dans des moules coniques, en buis ou en sapin humide.

On a le soufre en canons.

4. Propriétés physiques.

Solide, jaune, insipide, inodore, mauvais conducteur de la chaleur et de l'électricité.

Chauffé dans la main, on entend des craquements (cri du soufre), car la chaleur, sur les points extérieurs détermine, en ces points, une dilatation, avant que son action se produise sur les points intérieurs.

S'électrise par frottement.

Insoluble dans l'eau.

Peu dans l'alcool.

Soluble dans la benzine, les huiles essentielles, le sulfure de carbone.

Dimorphe.

Cristallise par fusion en cristaux, en prisme oblique à base rhombe.

Densité 1,97, fond à 117°.

Dissous dans le sulfure de carbone, il cristallise (par évaporation) en octaèdres (prisme droit à base rhombe).

Densité 2,03, fond à 112°.

Ces cristaux sont des modifications allotropiques.

Prenons un tube à deux branches, réunies par un tube capillaire et contenant du soufre fondu.

Semons dans l'une des branches des cristaux octaédriques.

Le soufre se solidifie, se contracte, le liquide monte dans l'autre branche.

Dans celle-ci semons un cristal prismatique : il y a solidification.

Ces cristaux prismatiques se transforment en soufre octaédrique en abandonnant de la chaleur.

Le soufre se présente aussi à l'état amorphe, en le faisant dissoudre dans le sulfure de carbone, et en filtrant.

Chauffé à 170° dans des tubes propres et étroits, on peut, sans le solidifier, abaisser la température à 100° (surfusion).

Fig. 45 *bis*. — Fusion du soufre.

Fusion du soufre.

Chauffons du soufre.

Il fond, on a un liquide jaune clair, qui devient brun, puis visqueux, et redevient mobile ; à 440°, il se réduit en vapeurs jaunes (densité 6,6).

Chauffant davantage, la densité diminue, à 860, elle se rapproche de la densité théorique (2, 2), à 104° elle est constante et égale à 2,2.

Soufre mou.

Versons du soufre visqueux en filet aussi mince que possible dans l'eau froide.

On a le soufre mou, flexible, élastique.

Sert à faire des moulages.

Insoluble dans le sulfure de carbone.

5. Propriétés chimiques.

Action des métalloïdes.

Le soufre s'enflamme à 250° (il est aussi combustile par rapport à Cl, I, Br) (chlore, iode, brome).

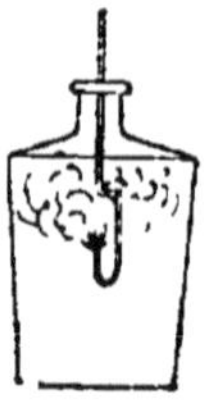

Fig. 46. — Combustion du soufre dans le chlore.

Chauffé en présence d'une matière organique grasse (suif ou parafine), il devient après refroidissement noir ou rouge.

Se combine avec le sélénium et le tellure.

Le soufre et le phosphore se combinent : en effet, prenons les dissolutions de ces corps dans le sulfure de carbone, et mélangeons à froid, car il y aurait explosion. L'arsenic s'unit au soufre.

De même que Cl, Br, I. Du soufre en vapeur, passant sur charbon au rouge, donne CS^2 (anhydride sulfo-carbonique).

Action des acides.

Chauffé avec de l'acide sulfurique (SO^4H^2), il le ramène à l'état de SO^2; — avec de l'acide azotique

(AzO^3H) (concentré et en ébullition), le soufre s'oxyde lentement et se transforme en SO^4H^2 (acide sulfurique).

Action des métaux.

Le fer, le zinc, le cuivre, le plomb, le mercure, l'argent (Fe, Zn, Cu, Pb, Hg, Ag) se transforment en sulfures. Le fer (Fe), humide et divisé, se combine à froid avec le soufre (S) (volcan de Lemery).

Deux parties de zinc en poudre fine et une partie de soufre détonent sous le choc d'un marteau.

Chauffé avec l'hydrogène (H) à 440° en vase clos, on a H^2S.

Avec K potassium on a K^2S et KHS.

6. Applications.

Consommation annuelle en France : 40 millions de kilog.

Sert à la préparation de gaz sulfureux, de (SO^4H^2) acide sulfurique pur, de CS^2.

Raffiné il entre dans la constitution de la poudre, des feux d'artifice, des allumettes.

Sert à vulcaniser le caoutchouc.

Le soufre en fleur sert au soufrage des vignes, pour détruire l'oïdium.

Sert en médecine, pour faire des pommades contre les maladies de la peau, et des pastilles pour les maux de gorge.

Sert pour les empreintes de médailles, pour sceller le fer dans la pierre.

7. Propriétés de CS^2.

Sulfure de carbone (CS^2), découvert par Lampadius.

Produit industriel. obtenu en faisant passer de la vapeur de soufre sur du charbon au rouge.

Liquide incolore, mobile, odeur éthérée, très réfringent

D = 1,29. Dissout le soufre, le phosphore, caoutchouc, matières grasses.

Très inflammable.

Sert à combattre le phylloxera.

8. Caractères des sulfures.

Insolubles dans l'eau, excepté ceux des métaux alcalins et alcalino-terreux.

Les acides en dégagent de l'acide sulfhydrique (H^2S), reconnaissable à son odeur et au précipité noir de sulfure de plomb qu'il forme dans les dissolutions de sels de plomb.

§ VIII

ACIDES SULFUREUX ET SULFURIQUE

1. Anhydride sulfureux.

1° Fourni par le soufre qui brûle au contact de l'air (procédé employé dans l'industrie, quand la

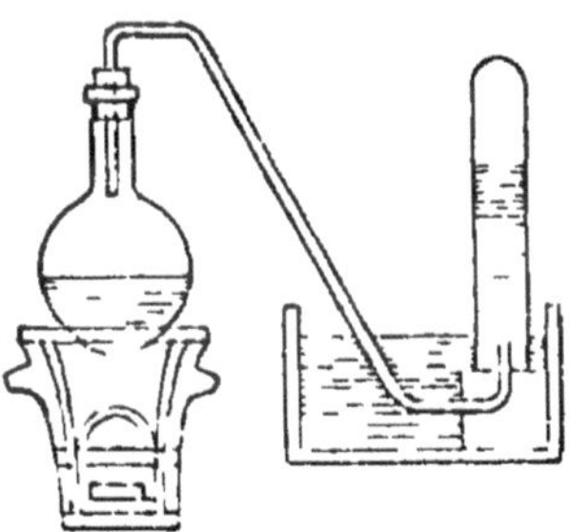

Fig. 47. — Préparation du gaz sulfureux.

présence de l'azote ne gêne pas les réactions de ce gaz).

2° Obtenu par le grillage des pyrites à température élevée :

$$2FeS^2 + 11O = Fe^2O^3 + 4SO^2.$$

3° En réduisant SO^4H^2 soit par Cu (cuivre), soit par Hg (mercure), ou S (soufre), ou C (carbone).

7

On a :

$$Hg + 2SO^4H^2 = SO^2 + SO^4Hg + 2H^2O.$$
$$Cu + 2SO^4H^2 = SO^2 + SO^4Cu + 2H^2O.$$
$$S + 2SO^4H^2 = 3SO^2 + 2H^2O.$$
$$C + 2SO^4H^2 = CO^2 + 2SO^2 + 2H^2O.$$

Dissolution.

On l'obtient en faisant passer le gaz dans une érie de flacons de Woulf.

2. Propriétés physiques.

Gaz, odeur vive et pénétrante, incolore, provoque la toux, D = 2,264.

Très soluble dans l'eau.

Liquéfiable par refroidissement. Le gaz sec arrive dans un ballon refroidi à — 15° par un mélange de deux parties de glace et une partie de sel marin.

Point critique : 156°, pression critique : 79; le gaz sulfureux (So^2) liquéfié est incolore.

D = 1,45 ; — bout à — 8 (I. Pierre) ou à — 10 (Regnault).

Se solidifie à — 75.

En s'évaporant le liquide abaisse la température à — 60°.

Sert à liquéfier le chlore et l'ammoniac (Cl), (AzH^3).

Bussy a solidifié le mercure (Hg).

So^2 est décomposable en soufre et oxygène par l'étincelle électrique.

Dissocié par la chaleur (Deville).

N'entretient pas la combustion.

Donne un hydrate ($SO^2,9H^2O$) cristalisé et

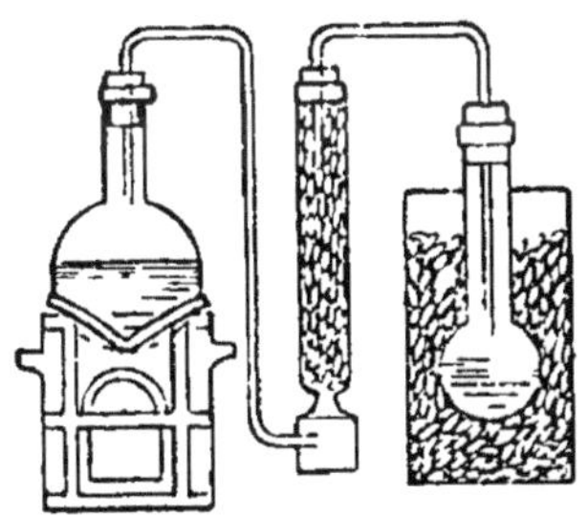

Fig. 47 *bis*. — Liquéfaction du gaz sulfureux.

décomposable facilement. Radical bivalent, donne le chlorure de sulfuryle (SO^2Cl^2).

Réduit l'hydrogène et le zinc.

3. Propriétés chimiques.

L'oxygène n'a pas d'action à froid sur le gaz sulfureux (SO^2), mais ces deux gaz passant sur de l'éponge de platine chauffée, il se forme des fumées épaisses de SO^3 (anhydride sulfurique).

En présence de l'eau, SO^2 est un réducteur.

Sa dissolution doit être faite avec de l'eau privée d'air, dans des flacons bien bouchés.

Cette action réductrice de SO^2 en présence de HO^2 constitue la propriété essentielle de ce gaz.

Avec AzO^3H (acide azotique) on a :

$$SO^2 + 2AzO^3H = SO^4H^2 + 2AzO^2$$

le gaz sulfureux SO^2 est absorbé par le bioxyde de

plomb; il altère les matières colorantes, les roses blanchissent sous son action.

On s'en sert pour enlever les taches de vin, de fruits rouges.

Le gaz sulfureux (SO^2) est composé de 2 volumes d'oxygène et de 1 volume de soufre condensés en 2 volumes.

4. Applications.

Sert à fabriquer SO^4H^2 (acide sulfurique), à blanchir la soie, la paille, les plumes, les éponges, la colle de poisson, la gomme adragante, la baudruche.

Pour blanchir la laine, on la lave, puis on la suspend, humide, sur des traverses de bois horizontales, dans une grande chambre, au milieu de laquelle on fait brûler du soufre.

Le gaz produit se dissout dans l'eau de la laine et détruit la matière colorante.

On expose à l'air et l'on lave dans une eau alcaline pour éviter la production de SO^4H^2.

Le gaz sulfureux (SO^2) sert à éteindre les feux de cheminée.

En médecine, il détruit l'acarus de la gale, les germes des maladies contagieuses, assainit les salles d'hôpitaux.

Sert à désinfecter les couvertures et les matelas des malades.

En brûlant des mèches de soufre dans les tonneaux, on évite l'altération du vin et des alcools.

Sert pour la préparation des pâtes de bois ou de paille destinées au papier.

Sert à empêcher le cidre de moisir.

Le froid produit par l'évaporation sert à fabriquer la glace.

5. Caractères des sulfites.

Insolubles dans l'eau à l'exception des sulfites alcalins, les acides en dégagent de l'anhydride sulfureux.

Ils décolorent la dissolution acide de permanganate de potassium en se transformant en sulfates.

Introduits dans un appareil à hydrogène, il se dégage H^2S (acide sulfhydrique), reconnaissable à l'aide de l'acétate de plomb.

6. Acide sulfurique normal (SO^4H^2).

Très important, très employé dans les arts, grâce à son énergie et à son bas prix.

Connu depuis Albert le Grand.

Lavoisier en a donné la préparation exacte.

A longtemps porté le nom d'huile de vitriol et vitriol vert.

7. Préparation.

Elle repose sur la transformation de SO^2 (gaz sulfureux) en SO^4H^2 aux dépens des produits nitreux en présence de l'eau.

Ces produits, réduits par le gaz sulfureux (SO^2),

passent à l'état d'oxyde azotique (AzO), qui s'oxyde rapidement en présence de l'air introduit dans la réaction.

Tout se passe comme si l'oxygène de l'air se fixait immédiatement sur SO^2.

Le gaz sulfureux est produit par la combustion du soufre ou des pyrites :

$$S + O^2 = SO^2$$

ou

$$2FeS + 11O = Fe^2O^3 + 4SO^2.$$

Mélangé à un grand excès d'air, il s'élève dans la tour de Glover (en plomb, garnie de briques siliceuses, remplie de silex).

Il rencontre sur une grande surface l'acide sulfurique, SO^4H^2, qui descend chargé de produits nitreux.

Il se forme là de l'acide sulfurique, car l'eau est fournie par l'acide descendant non concentré.

Les gaz avec l'excès de produits nitreux arrivent dans les chambres de plomb, y reçoivent de la vapeur d'eau, sont mis en présence de AzO^3H, et passent dans la colonne de Gay-Lussac (en plomb et remplie de coke).

Ils y rencontrent de l'acide sulfurique, qui enlève les derniers produits nitreux.

On remonte cet acide au sommet de la tour de Glover et les gaz restants (azote provenant de l'air) s'échappent par la cheminée.

L'acide produit dans la tour et les chambres s'est condensé à la partie inférieure des appareils.

8. Théorie de cette préparation.

Az^2O^3 constitue presque les produits nitreux. En présence de SO^2 (acide sulfurique) et de l'eau,

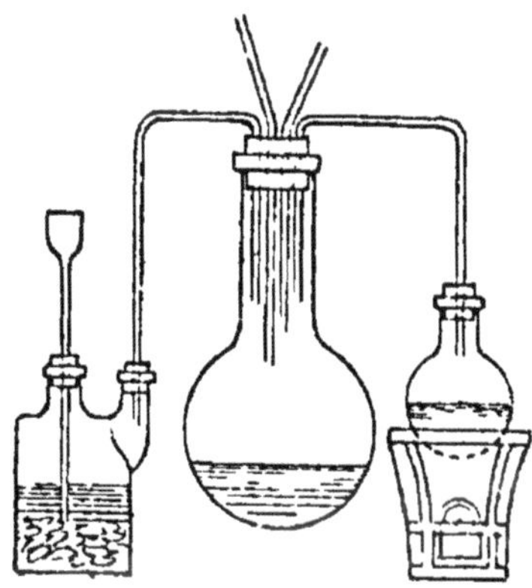

Fig. 48. — Préparation dans les cours de l'acide sulfurique.

Az^2O^3 donne (α) $Az^2O^3 + SO^2 + H^2O = SO^4H^2 + 2AzO$.

AzO (oxyde ozotique) s'oxyde aux dépens de l'oxygène de l'air en ne donnant que Az^2O^3 :

$$(1)\ 2AzO + 3O + 2SO^2 + 2H^2O = 2SO^4H^2 + Az^2O^3.$$

On est ramené au point de départ, les mêmes réactions se reproduisent.

La réaction exprimée par (1) se décompose :

$$(2)\ 2AzO + 3O + 2SO^2 + H^2O = [SO^4(AzO)H].$$
$$(3)\ 2[SO^4(AzO)H] + H^2O = 2SO^4H^2 + Az^2O^3.$$

La réaction (2) a lieu dans les parties relativement froides des appareils, dans celles où la vapeur d'eau est en faible quantité ou en présence d'acide sulfurique concentré.

Dans les parties chaudes ont lieu (α) et (3).

SO^4 (AzO) H est le sulfate acide de nitroxyle. Les cristaux des chambres de plomb qui se forment lorsque l'eau fait défaut le contiennent.

Ces cristaux ont pour formule :

$$S^2Az^2O^9 = 2[SO^4(AzO)H] - H^2O.$$

Faisant arriver dans un ballon de verre SO^2,AzO et de l'air en présence d'un peu d'eau, ces cristaux se déposent sur les parois froides.

Agitant le ballon, ils sont détruits par l'eau en formant SO^4H^2, dont la présence est reconnue avec le chlorure de baryum.

9. Purification.

SO^4H^2 marque 55° Baumé, sortant des chambres de plomb.

L'excès d'eau est enlevé, en chauffant dans des bassines de plomb, puis dans des vases en platine, en platine doré, ou en verre.

Il atteint 66° Baumé.

Ses impuretés sont :

L'arsenic (provenant des pyrites), le plomb et Az^2O^3.

On le traite par un courant de H^2S (acide sulfhydrique), qui précipite le plomb et l'arsenic à l'état de PbS et As^2S^3.

On décante et on concentre.

10. Propriétés physiques.

Liquide, incolore, inodore, consistance oléagineuse.

D = 1,84 à 66° B.

Solidifié à — 34°.

Bout à 326.

N'émet pas de vapeurs à la température ordinaire.

L'ébullition de SO^4H^2 est accompagnée de soubresauts dus à sa viscosité.

On les évite en mettant des fils de platine dans le liquide, ou en chauffant au voisinage de la surface avec une grille annulaire.

Fig. 48 *bis*. — Distillation de l'acide sulfurique.

11. Propriétés chimiques.

Décomposé par la chaleur au rouge :

$$SO^4H^2 = SO^2 + O + H^2O.$$

Il est réduit :

1° Par l'hydrogène au rouge :

$$SO^4H^2 + 3H^2 = 4H^2O + S.$$

2° Par le charbon, le soufre.

L'argent, le cuivre, le mercure à chaud le réduisent. (Au et Pt ne sont pas altérés.)

$$2SO^4H^2 + Cu = SO^4Cu + SO^2 + 2H^2O \text{ (prépar. de } SO^2\text{)},$$
$$2SO^4H^2 + 2Ag = SO^4Ag^2 + SO^2 + 2H^2O \quad \text{(id.)}.$$

Si l'acide agit étendu et froid sur le fer et les métaux analogues, on a :

$$SO^2H^2 + Fe = SO^2Fe + H^2.$$

Action de l'eau.

SO^4H^2 est très avide d'eau.

Son mélange avec ce liquide est une véritable combinaison dégageant de la chaleur.

L'eau serait vaporisée et projetée si on l'ajoutait sans précaution à l'acide.

A l'état de glace, elle fond rapidement.

SO^4H^2 absorbe l'eau en vapeur, sert à dessécher les gaz, carbonise les matières organiques (bois, paille), attaque la peau, les tissus.

Acide bibasique.

Donne deux sels avec les métaux monovalents :

$$SO^4KH \quad SO^4K^2.$$

On le reconnaît au précipité blanc caractéristique de sulfate qu'il donne avec les sels solubles de baryum :

$$BaCl^2 + SO^4H^2 = 2HCl + SO^4Ba^2.$$

12. Caractères des sulfates.

Solubles dans l'eau, excepté ceux de baryum, strontium, de calcium, de plomb.

L'insolubilité du premier est le caractère auquel on a recours pour reconnaître la présence de SO^4H^2.

Les sulfates solides, mélangés avec du charbon et chauffés au rouge, se transforment en sulfures qu'on reconnaît au dégagement d'H^2S (acide sulfhydrique) qu'ils donnent avec les acides.

13. Applications.

Sert à la préparation des acides, comme AzO^3H (acide azotique), HCl (acide chlorhydrique).

La faible solubilité du sel qu'il forme avec la chaux et la grande quantité de chaleur qu'il dégage en se combinant avec cette base le font employer pour préparer le phosphore, les acides citrique, tartrique, stéarique.

Sert dans la préparation des aluns, des sulfates de fer, de cuivre, de mercure.

En réagissant sur le sel marin l'acide sulfurique (SO^4H^2) donne en même temps que HCl (acide chlorhydrique) le sulfate de sodium, employé à la préparation du carbonate de sodium sert à la fabrication du savon, du verre.

Sert avec le zinc (Žn) à préparer l'hydrogène (H) et à la production des courants électriques.

Il décape le cuivre à froid, ainsi que l'argent à chaud.

Il affine les métaux précieux.

Il est employé à la préparation des superphosphates, de l'alizarine, de la résorcine, dans l'épuration des huiles, et la fabrication du sucre de fécule.

§ IX

CHLORE

1. Historique.

Découvert par Scheele (élève pharmacien, 1774), qui l'appela **acide muriatique déphlogistiqué.**

Lavoisier et Berthollet l'appelèrent acide **muriatique oxygéné.**

Gay-Lussac, Thénard, Davy l'appelèrent chlore et prouvèrent que c'est un corps simple.

Se trouve combiné avec les métaux : chlorure de plomb, d'argent, de magnésium.

2. Préparation.

1° Acide chlorhydrique et bioxyde de manganèse.

On a :

$$MnO^2 + 4HCl = MnCl^2 + 2H^2O + Cl^2.$$

La réaction se fait dans un grand ballon.

Elle commence à froid.

On l'achève en chauffant.

Si on veut débarrasser le gaz de l'acide chlorhydrique entraîné, on le fait passer dans un flacon laveur à eau, et si l'on veut dessécher dans un flacon laveur à acide sulfurique.

On ne peut le recueillir ni sur l'eau, puisqu'il

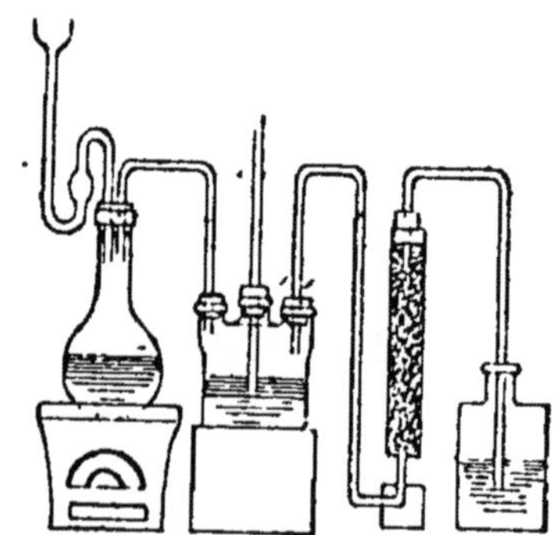

Fig. 49. — Préparation du chlore.

s'y dissout, ni sur le mercure puisqu'il l'attaque.

On remplit des flacons par déplacement d'air.

2° On l'obtient par le bioxyde de manganèse

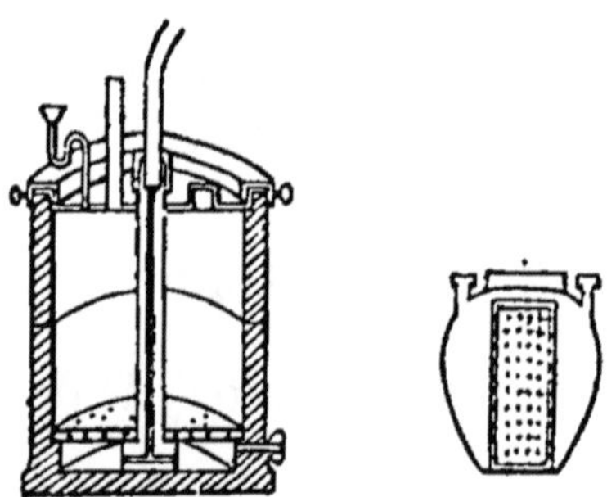

Fig. 49 *bis*. — Appareils pour la préparation industrielle du chlore.

(MnO^2), l'acide sulfurique (SO^4H^2) et le chlorure de sodium (NaCl), on a :

$$MnO^2 + 2NaCl + 2(SO^4H^2) = SO^4Mn + SO^4Na^2 + 2H^2O + Cl^2.$$

3° Dans l'industrie on emploie le premier procédé et on régénère MnO^2.

Le principe de cette manipulation est la précipitation de l'oxyde manganeux par la chaux et son oxydation par l'oxygène de l'air :

$$MnCl^2 + Ca(OH)^2 = CaCl^2 + Mn(OH)^2,$$
$$Mn(OH)^2 + O = MnO^2 + H^2O.$$

(En réalité les réactions sont plus compliquées.)

4° Des chlorures par l'action de l'air sont transformés en oxydes (à température peu élevée) :

$$MgCl^2 + O = MgO + Cl^2$$

(Principe du procédé Péchiney-Weldon.)

3. Propriétés physiques.

Gaz jaune vert, odeur suffocante, dangereux à respirer.

$D = 2,44$.

Soluble dans H^2O, forme un hydrate, $Cl^2 + 10H^2O$, qui cristallise à 0°, se décompose à 35° et sert à la liquéfaction de Cl, par le procédé de Faraday.

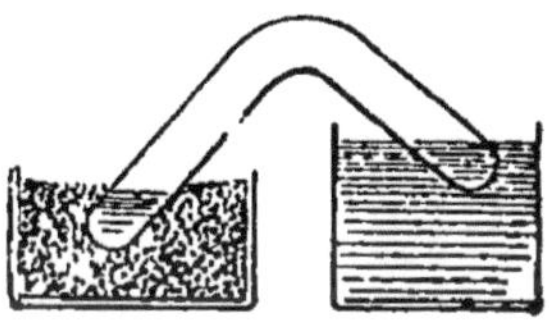

Fig .50. — Liquéfaction du chlore.

Sa dissolution s'appelle eau de chlore.

4. Propriétés chimiques.

Se combine directement avec la plupart des corps simples (sauf O, Az, C) (oxygène, azote, carbone).

Le phosphore s'y enflamme (et donne PCl^5).

De même As et Sb (arsenic et antimoine) en poudre fine.

Le soufre s'unit au chlore à la température ordinaire.

Le cuivre (Cu) au rouge brûle dans le chlore (Cl), le chlorure formé fond aussitôt.

Fig. 51. — Combustion du phosphore dans le chlore.

Le mercure (Hg) est attaqué à la température ordinaire.

Au et Pt (or et platine) se dissolvent dans l'eau de chlore.

L'hydrogène libre se combine directement au chlore à la lumière diffuse, avec explosion à la lumière solaire : $H^2 + Cl^2 = 2HCl$.

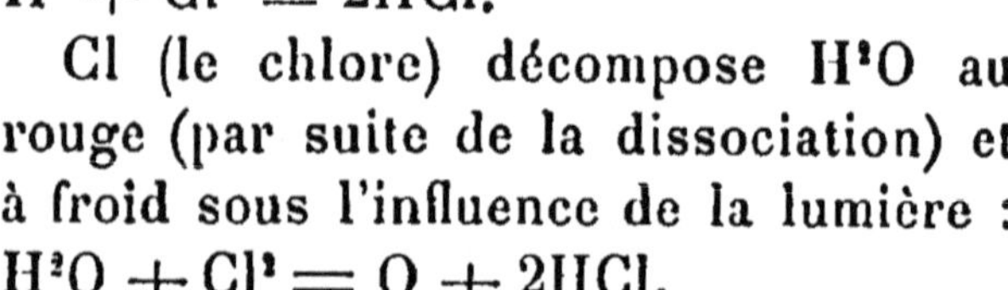

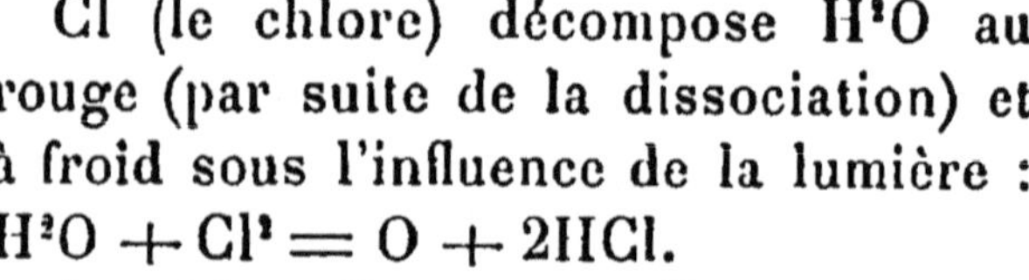

Cl (le chlore) décompose H^2O au rouge (par suite de la dissociation) et à froid sous l'influence de la lumière : $H^2O + Cl^2 = O + 2HCl$.

Aussi faut-il conserver l'eau de chlore dans des flacons à l'abri de la lumière.

Cette réaction lente est immédiate en présence d'un corps qui peut se combiner avec l'oxygène pendant que le chlore prend l'hydrogène.

C'est le cas de l'acide sulfureux.

$$Cl^2 + H^2O + SO^3H^2 = SO^4H^2 + 2HCl.$$

Dans ces conditions le chlore est un **oxydant.**

Cette propriété a reçu le nom de pouvoir oxydant du chlore. L'acide sulfhydrique H^2S est décomposé par le chlore :

$H^2S + Cl^2 = S + 2HCl$.

Avec l'ammoniaque on a :

$$\begin{array}{l} AzH^3 + 3Cl = Az + 3HCl \\ 3HCl + 3AzH^3 = 3AzH^4Cl \\ \hline 4AzH^3 + 3Cl = Az + 3AzH^4Cl. \end{array}$$

Il y a formation de chlorure d'ammonium et d'azote si le chlore est en excès ; 3 atomes de chlore remplaceront 3 atomes d'hydrogène et fourniront du chlorure d'azote ($AzCl^3$) explosif.

Cette affinité du chlore pour l'hydrogène permet de l'enlever aux matières organiques : il y a formation de gaz chlorhydrique.

Le chlore peut remplacer (dans les chlorures) l'hydrogène (H) atome par atome (substitution).

$$CH^4 + Cl^2 = HCl + CH^3Cl.$$

L'encre, le vin, des matières colorantes organiques, sont détruits par le chlore, soit à cause de son affinité pour l'hydrogène, soit à cause du pouvoir décolorant.

Le chlore est surtout employé dans le blanchiment.

Au rouge (chaux) CaO est transformée en $CaCl^2$; on a :

$$CaO + Cl^2 = CaCl^2 + O.$$

A froid, l'oxygène peut se fixer sur le chlore avec les hydrates alcalins.

Il se forme un hypochlorite (de l'acide hypochloreux ClOH) :

$$2KOH + 2Cl = KCl + ClOK + H^2O.$$

Le mélange de ces deux sels (en dissolution eau de Javel) est un chlorure décolorant.

Le chlorure de chaux a une constitution analogue.

Ces corps sont des sources de Cl (chlore), par l'hypochlorite qu'ils contiennent et qui se dégage facilement sous l'influence des acides faibles (acide carbonique) ClOH. On a :

$$2ClOH - H^2O = Cl^2O,$$

se décomposant en chlore et oxygène.

On les emploie comme décolorants et désinfectants en raison de l'action de leur chlore sur les matières hydrogénées et organiques.

A chaud, la dissolution concentrée de potasse donnerait, sous l'action du chlore, un composé plus oxygéné, le chlorate de potassium :

$$6KOH + 6Cl = 5KCl + ClO^3K + 3H^2O.$$

§ X

ACIDE CHLORHYDRIQUE

1. État naturel.

Appelé d'abord esprit de sel, acide marin, acide muriatique.

Se dégage des volcans.

2. Préparation.

Peut s'obtenir par l'action directe du chlore sur l'hydrogène.

Se prépare en chauffant le sel marin avec SO^4H^2.

La réaction commence à froid ; on l'entretient en chauffant légèrement :

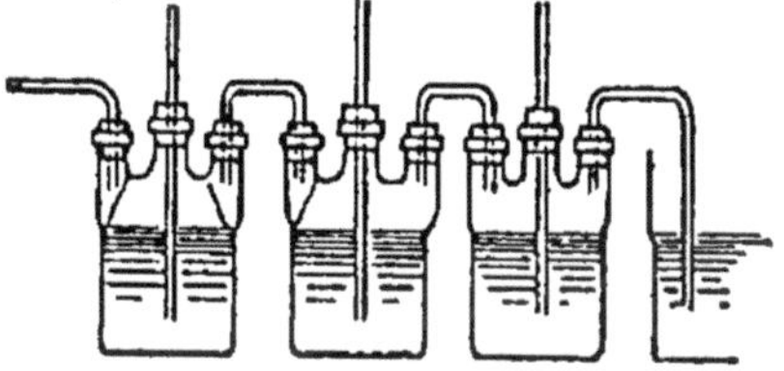

Fig. 52. — Flacons de Woulf.

$$NaCl + SO^4H^2 = HCl + SO^4NaH.$$

La dissolution du gaz chlorhydrique s'obtient avec un appareil de Woulf en communication avec un ballon de verre dans lequel on chauffe des fragments de sel marin et SO^4H^2 pur.

Le gaz sortant du ballon passe dans un premier flacon laveur contenant l'acide chlorhydrique du commerce, puis dans les flacons suivants, qui doivent être à moitié remplis d'eau distillée.

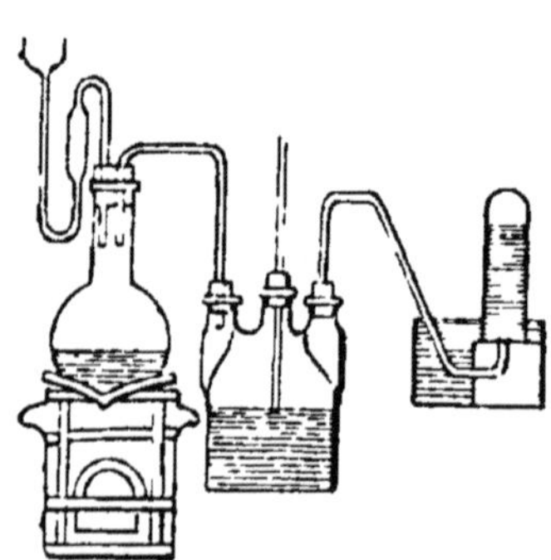

Fig. 53. — Préparation du gaz chlorhydrique.

Les tubes n'ont pas besoin de plonger au fond de l'eau, la dissolution étant plus dense que l'eau.

On le voit par les stries qui se forment.

3. Impuretés.

L'acide du commerce contient de l'acide sulfurique, de l'acide sulfureux, du chlorure de fer, du chlorure d'arsenic.

Pour le purifier, on ajoute MnO^2 et l'on précipite à la fois SO^4H^2 et AS (arsenic), avec du sulfure de baryum.

4. Propriétés physiques.

Gaz incolore, odeur piquante, saveur acide. — D = 1, 27. — Liquéfié par Faraday à 80°.

Solidifié à — 115.

Fond à — 112.

Bout à 35°.

Point critique 51°.

L'eau (H^2O) dissout 500 fois son volume de gaz chlorhydrique HCl à 0°. Quand le gaz est pur, l'absorption est instantanée.

Un flacon rempli de gaz chlorhydrique sur la cuve à mercure est fermé par un bouchon traversé par un tube de verre fermé à son extrémité inférieure.

Si l'on casse cette pointe sous l'eau, celle-ci se précipite en gerbes dans le flacon.

HCl mis en contact avec l'eau donne à 20° un hydrate $HCl + 2H^2O$.

Il y en a deux autres ($HCl + 6H^2O$, et $HCl + 8H^2O$).

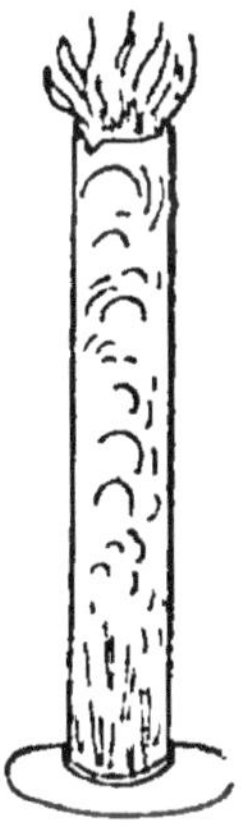

Fig. 53 *bis*. — Action du zinc sur l'acide chlorhydrique.

5. Propriétés chimiques.

Acide énergique, décomposable par la chaleur, dissocié par Sainte-Claire Deville. Les métalloïdes en général sont sans action sur HCl.

Toutefois un mélange de gaz chlorhydrique (HCl) et d'oxygène passant sur des fragments de porcelaine au rouge donne du chlore et de l'eau. Tous les métaux, sauf Au et Pt (or et platine), donnent un chlorure et de l'hydrogène.

$$Zn + 2HCl = ZnCl^2 + 2H.$$

En agissant sur les oxydes basiques, HCl donne également des chlorures :

$$KOH + HCl = KCl + H^2O$$
$$Fe^2O^3 + 6HCl = Fe^2Cl^6 + 3H^2O$$
$$BaO^2 + 2HCl = BaCl^2 + H^2O^2.$$

6. Analyse.

Elle se fait en mettant 2 volumes dans une cloche courbe.

On y introduit un morceau d'étain qu'on chauffe

Fig. 54. — Analyse du gaz chlorhydrique.

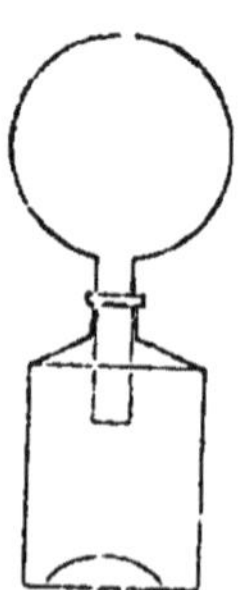

Fig. 55. — Synthèse du gaz chlorhydrique.

avec une lampe. Le zinc s'empare du chlore et met l'hydrogène en liberté.

Il reste 1 vol. d'hydrogène.

Donc 2 vol. d'acide chlorhydrique sont formés de 1 vol. d'H et 1 vol. de Cl, unis sans condensation.

Synthèse.

On l'opère en remplissant 2 flacons égaux, l'un de chlore, l'autre d'hydrogène. On réunit les deux flacons, et on les abandonne à la lumière diffuse.

La combinaison se fait lentement. On a l'acide chlorhydrique.

§ XI

AZOTE, ACIDE AZOTIQUE, AMMONIAQUE

1. Préparations.

L'azote, découvert en 1772 par Rutherford.

Existe dans l'air, mélangé à l'oxygène. On l'extrait de l'air par le phosphore (P).

1° Dans une coupelle de terre placée sur un bouchon de liège flottant à la surface de l'eau on met le phosphore.

On l'enflamme, on recouvre d'une cloche.

Le phosphore enlève l'oxygène.

Il reste l'azote mélangé d'argon et d'hélium.

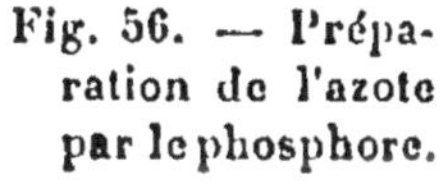

Fig. 56. — Préparation de l'azote par le phosphore.

2° On fait passer l'air dépouillé de CO^2 (gaz carbonique) sur de la tournure de cuivre chauffée au rouge.

Le cuivre s'empare de l'oxygène, l'azote passe.

On le recueille dans une éprouvette sur un têt à gaz.

3° Par le cuivre et l'ammoniaque à froid :

On remplit aux trois quarts de tournure de cuivre deux flacons à tubulure inférieure, communiquant par un tube de caoutchouc

Puis, l'un des flacons étant fermé par un bouchon

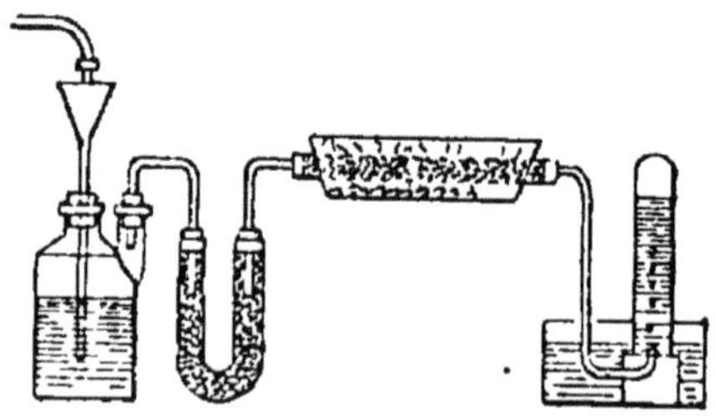

Fig. 57. — Préparation de l'azote par le cuivre au rouge.

muni d'un robinet, on remplit l'autre d'une dissolution concentrée d'ammoniaque.

Une partie de cette dissolution passe dans le bas du second flacon.

On l'y agite de manière à bien mouiller le cuivre et on laisse reposer pendant vingt-quatre heures.

Au bout de ce temps, l'oxygène de l'air contenu dans le flacon a été absorbé.

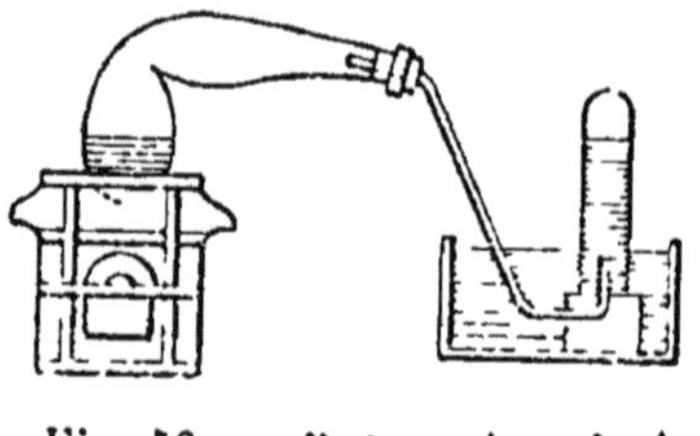

En ouvrant le robinet on recueille l'azote (mêlé d'argon) déplacé peu à peu par la solution ammoniacale de l'autre flacon.

Fig. 58. — Préparation de Az par azotite d'ammonium.

4° On a l'azote pur en décomposant par la chaleur l'azotite d'ammonium :

$$AzO^2AzH^4 = Az^2 + 2H^2O.$$

2. Propriétés.

Gaz incolore, inodore, sans saveur.

D = 0,97.

Se liquéfie en un liquide incolore.

Point critique — 146°.

Bout à — 193°.

S'évapore dans le vide sous la pression de 60 mm.

Se solidifie en masse neigeuse à — 20°.

Éteint les corps en combustion.

A la température ordinaire, il ne se combine avec d'autres corps que sous l'influence de la chaleur et de l'électricité.

L'azote, à température élevée, se combine avec le bore et quelques métaux.

L'azote et l'oxygène se combinent sous l'influence des éclairs et de la foudre, en donnant avec la vapeur d'eau de l'acide azotique qui s'unit à l'ammoniaque.

L'azote sous l'influence de l'effluve est absorbé par la benzine, l'essence de térébenthine, le métane, l'acétylène et beaucoup de matières organiques.

La terre végétale et les plantes fixent l'azote de l'air par l'intermédiaire d'organismes microscopiques.

3. Acide azotique.

Découvert par Geber.

Étudié par Raymond Lulle (1224).

S'obtient dans l'industrie en employant l'azotate

de sodium, que l'on place dans une chaudière en fonte, avec l'acide sulfurique du commerce.

On lute le couvercle avec de l'argile et on chauffe.

Les vapeurs d'acide azotique se dég^gent par une tubulure latérale, garnie intérieurement d'un tube en grès.

La condensation s'achève, dans de grandes bon-

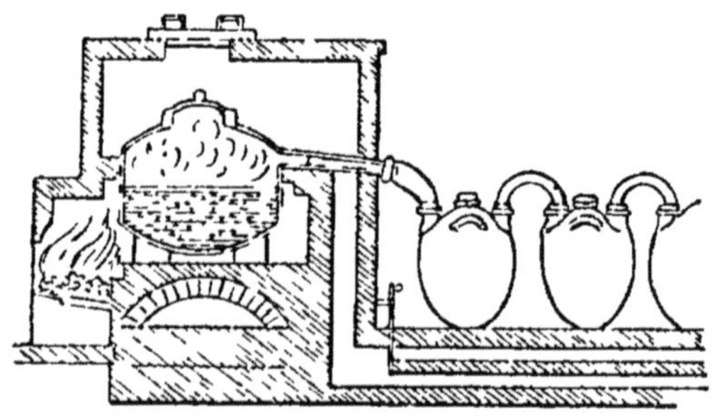

Fig. 59. — Préparation industrielle de l'acide azotique.

bonnes en grès, dans lesquelles on a placé d'avance de l'eau pour faciliter la condensation.

Cet acide azotique (AzO^3H) contient HCl (acide chlorhydrique), un peu de SO^4H^2. Pour le purifier on le distille après y avoir ajouté de l'azotate de plomb.

4. Propriétés physiques.

Connu à l'état monohydraté (AzO^3H) et à l'état quadrihydraté ($2AzO^3H, 3H^2O$).

AzO^3H est un liquide incolore. $D = 1,52$. — Bout à 86°; se solidifie à — 47.

Fume au contact de l'air humide (acide fumant),

$2AzO^3H, 3H^2O$ est un liquide incolore, bout à 123°. D = 1,42.

5. Propriétés chimiques.

Acide monobasique, donne des sels solubles dans l'eau.

Énergique et facilement décomposable par la chaleur et la lumière.

Oxydant énergique.

L'hydrogène décompose les vapeurs de AzO^3H (acide azotique) sous l'influence de la chaleur :

$$2AzO^3H + 5H = Az + 3H^2O.$$

Le phosphore avec l'acide fumant produit une explosion.

Avec l'acide étendu il donne de l'acide phosphorique.

L'iode, le soufre, l'arsenic le décomposent à une température peu élevée, donnant des acides iodique, sulfurique et arsénique.

Le charbon décompose AzO^3H.

L'oxygène, le fluor, le chlore, le brome, l'iode (O, Fl, Cl, Br, I) n'ont pas d'action.

A son maximum de concentration, cet acide n'a d'action que sur les métaux très oxydables, potassium, sodium, zinc (K, Na, Zn).

En contact avec le fer, l'acide concentré lui fait perdre la propriété d'attaquer l'acide étendu (fer passif).

L'acide du commerce étendu de son volume d'eau

n'attaque l'or et le platine à aucune température.

Il attaque l'argent lentement à froid, rapidement à chaud.

L'acide étendu de deux fois son volume d'eau donne un azotate et de l'acide azoteux avec les métaux qui décomposent l'eau en présence d'un acide :

$$4Zn + 10AzO^3H = 4[(AzO^3)^2Zn] + Az^2O + 5H^2O.$$

Cet acide décolore l'indigo.

Cela sert à le reconnaître dans une liqueur.

Il colore en jaune la laine, la peau, la soie.

Le sucre et l'amidon sont transformés en acide oxalique.

Il donne lieu à des phénomènes de substitution; avec la benzine on a :

$$C^6H^6 + AzO^2(OH) = \underbrace{C^6H^5AzO^2}_{\text{nitrobenzine}} + H^2O.$$

6. Nature.

Établie par Cavendish (1784).

La proportion des deux gaz qui constituent l'anhydride a été trouvée en 1816, par Gay-Lussac.

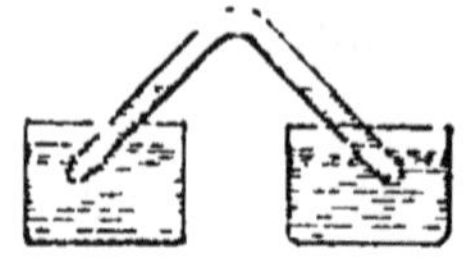

Fig. 60. — Synthèse de l'acide azotique.

Il fit passer 4 vol. de AzO et 5 vol. d'oxygène dans un tube contenant de l'eau.

Les 4 vol. d'oxyde azotique absorbèrent 3 vol. d'oxygène.

Il s'était formé de l'acide azotique, sans acide azoteux.

Or 4 vol. de AzO contiennent 2 vol. d'azote et 2 vol. d'oxygène.

On en conclut que l'anhydride azotique est formé de 2 vol. d'azote et 2 vol. d'oxygène.

L'acide monobasique a pour formule AzO^3H.

7. Réactif et usages.

Le plus sensible est la **brucine** (extrait de la noix vomique) : une trace colore l'acide azotique (AzO^3H) en rouge foncé.

(AzO^3H) sert dans la gravure à l'eau-forte, à la préparation des azotates, des acides stannique, antimonique.

Il sert à la préparation de l'eau régale.

Dans l'industrie il sert à préparer l'acide oxalique, la nitro-benzine, le coton-poudre, la dynamite, l'acide picrique, et le fulminate de mercure.

8. Ammoniaque (AzH^3).

Étudié par Kunckel, Scheele, Priestley, Berthollet.

Se prépare en mélangeant des poids égaux de chlorure d'ammonium et de chaux vive, préalablement pulvérisés.

On introduit le mélange dans un ballon de verre et l'on remplit avec de la chaux vive.

Le gaz est recueilli sur la cuve à Hg :

$$2AzH^4Cl + CaO = 2AzH^3 + CaCl^2 + H^2O.$$

Pour avoir AzH^3 en dissolution, on fait arriver le gaz dans un appareil de Woulf.

Les tubes doivent plonger jusqu'au fond des flacons : la dissolution est plus légère que l'eau.

Dans l'industrie on obtient la dissolution en sou-

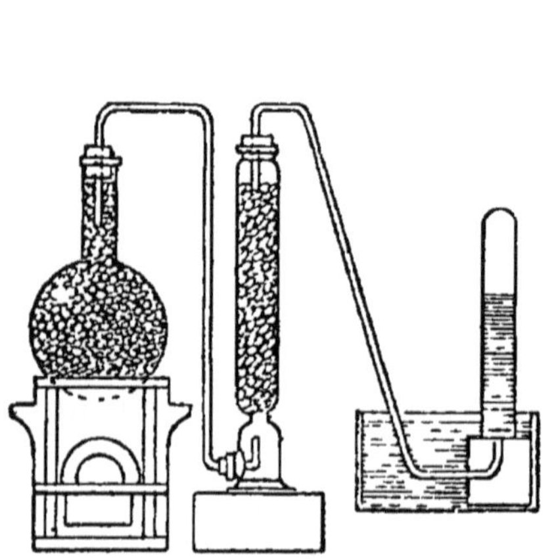

Fig. 61. — Préparation du gaz ammoniac.

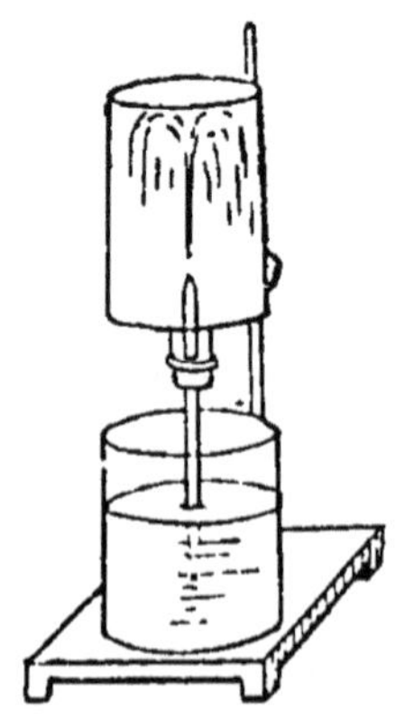

Fig. 61 *bis*. — Dissolution du gaz ammoniac dans l'eau.

mettant les eaux vannes à la distillation, ainsi que les eaux ammoniacales provenant de l'épuration du gaz d'éclairage.

9. Propriétés.

Gaz incolore, odeur vive et piquante qui provoque les larmes.

Saveur âcre. — Densité 0,590.

Soluble dans H^2O, qui en dissout 1050 fois son volume à 0° et 785 fois à 15°.

Pour montrer cette solubilité du gaz dans l'eau,

on plonge dans une terrine pleine d'eau une éprouvette remplie de gaz et reposant sur une soucoupe contenant du mercure. Si on enlève l'éprouvette de manière que son ouverture soit en contact avec l'eau, ce liquide s'y précipite et la remplit instantanément.

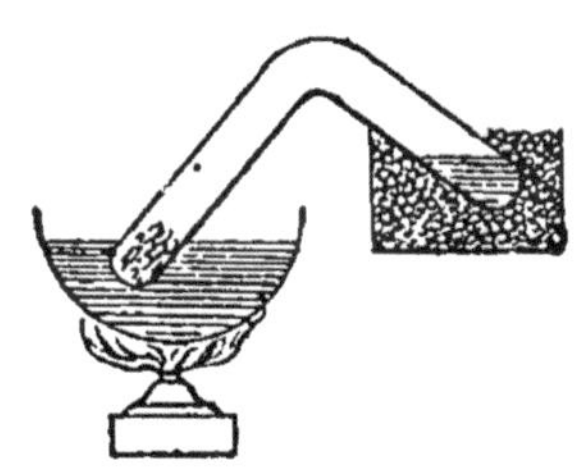

Fig. 62. — Liquéfaction du gaz ammoniac.

Souvent l'éprouvette est brisée.

La dissolution du gaz ammoniac (AzH^3) dans l'eau est appelée **alcali volatil**. — D = 0,855.

Ce gaz forme avec l'eau à basse température une combinaison cristallisable : $AzH^3 + H^2O$.

Bussy a liquéfié l'ammoniac en 1821.

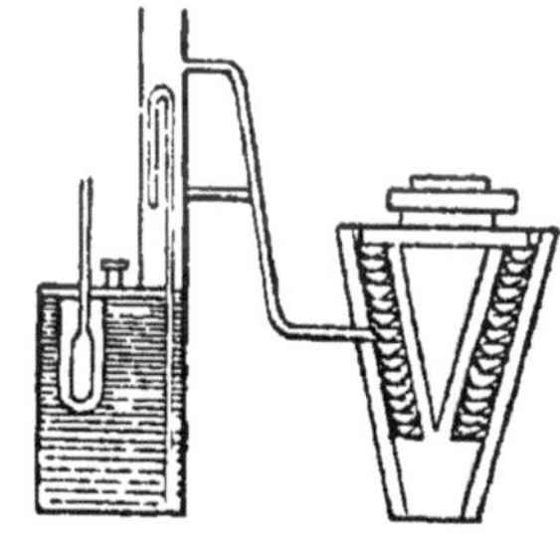

Fig. 63. — Appareil carré pour la production de la glace.

Faraday l'a liquéfié en employant les tensions de la dissociation du chlorure d'argent ammoniacal AgCl, $3AzH^3$.

Un tube en verre vert recourbé et fermé à ses extrémités contient ce chlorure dans l'une de ses branches chauffée au bain-marie au-dessus de 47°.

L'autre branche plonge dans un mélange réfrigérant; il y a dans cette branche liquéfaction de AzH^3. On utilise la solubilité de ce gaz, sa facile liquéfaction, la chaleur absorbée dans sa vaporisation, pour obtenir de très basses températures servant à produire la glace.

Il est décomposable par la chaleur et l'électricité.

Il brûle dans l'oxygène et le chlore; on a :

$$2AzH^3 + 3O = 3H^2O + 2Az.$$

Si l'on fait pénétrer dans un flacon plein de chlore un tube par lequel se dégage du gaz ammoniaque, le jet s'enflamme spontanément et il se produit des fumées blanches de sel ammoniac :

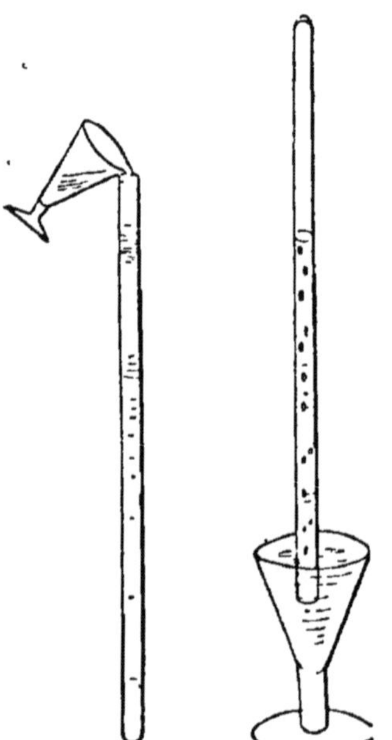

Fig. 63 *bis*. — Action du chlore sur l'ammoniac.

$$4AzH^3 + 3Cl = Az + 3(AzH^4Cl).$$

Le charbon au rouge décompose AzH^3 et donne de l'hydrogène avec de l'acide cyanhydrique.

Le potassium chauffé dans un tube traversé par un courant de AzH^3 donne l'amidure de potassium :

$$AzH^3 + K = AzH^2K + H.$$

On a de même l'amidure de sodium (Na) (AzH^2Na) amorphe. Avec l'ammoniaque liquéfiée, ces métaux donnent AzH^3K, AzH^3Na (potassammonium et sodammonium) solides.

Presque tous les métaux décomposent AzH^3 en ses éléments sous l'influence de la chaleur.

Le platine n'est pas altéré, le fer et le cuivre deviennent cassants.

Dissolution alcaline.

Pour représenter les sels ammoniacaux par des formules analogues à celles des composés correspondants du potassium, Ampère admit que ce n'est pas AzH^3 qui existe dans les sels ammoniacaux, mais AzH^4 (ammonium) qui joue le rôle de métal et forme une base (AzH^4) OH analogue à KOH.

AzH^4 n'est pas isolé, mais on a formé son amalgame.

L'ammoniaque est un caustique énergique.

Il attaque la peau, en produisant une sensation de cuisson.

Il occasionne des ophtalmies dangereuses.

Poison violent.

10. Analyse.

On décompose 2 vol. dans l'eudiomètre à mercure (Hg) par une série d'étincelles. La formule est AzH^3.

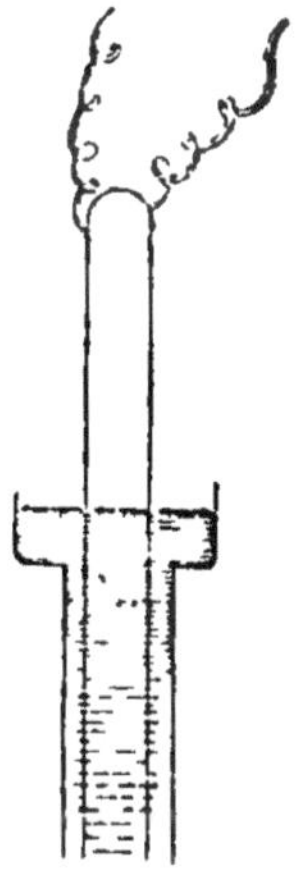

Fig. 64. — Analyse du gaz ammoniac.

11. Usages.

Dans l'industrie l'ammoniaque sert à dissoudre le carmin, à développer la couleur de l'orseille, à dégraisser la laine.

En médecine, il cautérise les piqûres de guêpes et les morsures de vipère.

§ XII

PHOSPHORE

1. Historique.

Découvert en 1677 par Brandt.

Étudié par Kunckel, Homberg, Gahn et Scheele.

Se trouve dans les os, le cerveau, l'urine, les graines (d'où l'emploi des phosphates en agriculture).

On le rencontre à l'état de dépôt de guano.

2. Préparation.

On l'extrait des os.

La matière minérale contient 82 p. 100 de phosphate de calcium et du phosphate de magnésium (en petite quantité).

On calcine ces os en vase ouvert.

On pulvérise les os blancs ainsi obtenus.

On a la cendre d'os formée de phosphate tribasique de calcium [$(PO^4)^2Ca^3$] et de carbonate de calcium $(CO^3)Ca$.

On transforme $(PO^4)^2Ca^3$ insoluble en phosphate soluble en traitant par l'acide sulfurique (SO^4H^2).

L'opération se fait dans un cuvier doublé de plomb (Pb).

La formule est :

$$(PO^4)^2Ca^3 + 2(SO^4H^2) = (PO^4)^2CaH^4 + 2(SO^4Ca).$$

Le carbonate de calcium est transformé en sulfate insoluble.

Le phosphate acide $(PO^4)^2CaH^2$) étant soluble, on tamise sur une toile grossière.

On évapore jusqu'à consistance sirupeuse.

On mélange avec du charbon et l'on chauffe.

Quand la décomposition commence, on arrête le

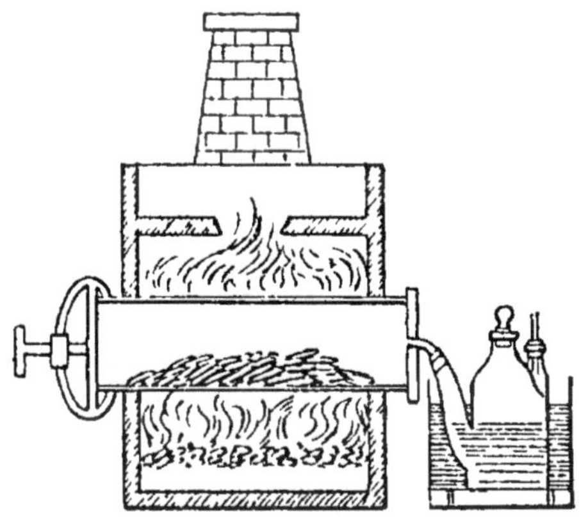

Fig. 65. — Préparation du phosphore.

feu, et l'on met le tout dans des cornues en grès, placées dans un four à trois étages.

On a :

$$3(Po^4)^2\,CaH^4 + 10C = 2P + 10CO + (PO^4)^2Ca^3 6H^2O.$$

3. Purification.

Pour le purifier, on le place dans une caisse à double fond contenant du noir animal et entourée

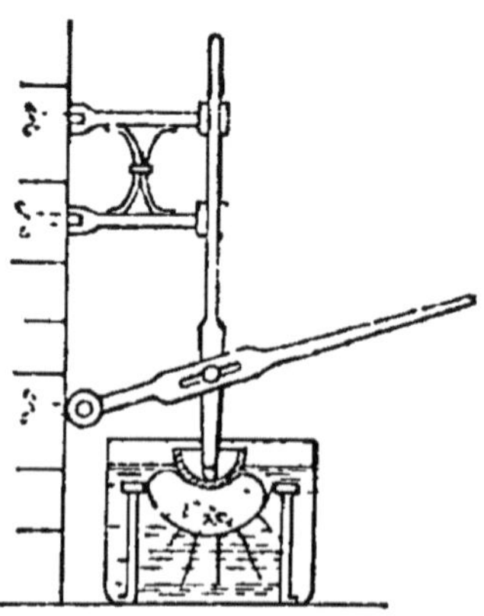

Fig. 65 *bis*. — Purification du phosphore.

d'un récipient contenant de l'eau (H^2O) chaude.

Le phosphore (P) filtre par pression.

Il se moule ensuite facilement en bâtons.

Le phosphore peut contenir As (arsenic).

On le fait digérer dans **Az O^3H étendu**, qui dissout l'arsenic.

4. Propriétés.

Solide, couleur ambrée, translucide, odeur d'ail, flexible et rayé par l'ongle. D = 1,84.

Émet des vapeurs à la température ordinaire.

Cristallise par sublimation.

Fond à 44°,7.

Présente le phénomène de la surfusion.

5. Transformation allotropique.

Elle se produit quand on expose à la lumière solaire un tube contenant du phosphore (P).

On a du phosphore rouge.

Voici un tableau comparatif.

P. ORDINAIRE	P. ROUGE
Couleur jaune ambrée.	Couleur rouge carmin.
Densité : 1,83.	Densité : 1,96.
Fond à 44°.	Ne fond pas, se transforme à 260.
Phosphorescent.	Non phosphorescent.
S'oxyde rapidement à l'air.	S'oxyde lentement à l'air.
Produit par ses vapeurs la carie des os du nez et des dents.	Ne produit pas de vapeurs.
S'enflamme à 60°.	S'enflamme à 260°.
Se combine avec S à 111°.	Se combine avec S à 230°.
Se combine facilement à l'iode.	Se combine difficilement à l'I.
Soluble dans le sulfure de carbone.	Insoluble.
Attaque les lessives alcalines.	Ne les attaque pas.
Poison violent.	Non vénéneux.

6. Propriétés chimiques.

Se combine avec énergie aux métalloïdes tels que le chlore (Cl).

Le fluor (Fl) l'attaque et donne PF^3 et PF^5.

Il s'enflamme dans le chlore (Cl) et donne PCl^5.

Le phosphore (P) peut brûler dans l'eau (H^2O).

Son oxydation à l'air est accompagnée d'un phénomène lumineux (**phosphorescence**).

Le phosphore ne luit pas dans le vide barométrique, ni dans l'oxygène comprimé.

A chaud, les métaux se combinent avec le phosphore.

A 260° il décompose H^2O.

Il réduit les oxydes métalliques.

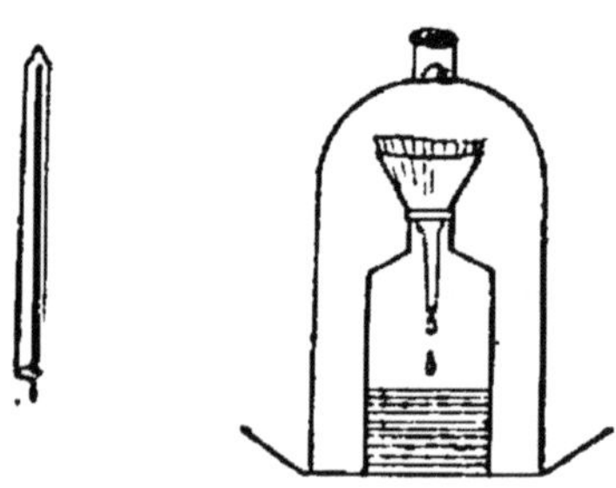

Fig. 65 *ter*. — Oxydation de bâtons de phosphore au contact de l'air humide.

Le charbon et l'essence de térébenthine sont des contrepoisons du phosphore.

7. Applications.

Le phosphore ordinaire entre dans la confection des pâtes phosphorées pour détruire les rats.

Sert à la fabrication des allumettes chimiques.

On les obtient en plongeant des petits bâtons de bois dans du soufre fondu, puis dans la pâte suivante : phosphore 3, gomme 3, bioxyde de plomb 2, sable et matière colorante 2.

Le phosphore rouge est employé pour la préparation des iodures alcooliques, pour celle des allumettes à phosphore amorphe.

Ces allumettes s'enflamment par friction, sur un frottoir spécial.

Voici la composition des pâtes :

POUR L'ALLUMETTE		POUR LE FROTTOIR	
Chlorate de potassium...	100	Phosphore rouge........	100
Sulfure d'antimoine.....	40	Sulfure d'antimoine.....	40
Colle-forte...............	20	Colle-forte..............	50

Quand on se brûle avec du phosphore, il faut saupoudrer la plaie de magnésie.

On distingue encore le phosphore blanc et le phosphore rouge.

DEUXIÈME PARTIE

MÉTAUX

§ I

FER — FONTE — ACIER — MÉTALLURGIE DU FER

1. État naturel.

Rencontré rarement à l'état libre à la surface du sol.

Le fer natif provient des pierres météoriques (formées de fer allié à des métaux étrangers, surtout du nickel).

Les combinaisons du fer sont très répandues (oxydes, sulfures, carbonates, sulfates...).

Celles employées comme minerais sont (oxydes et carbonates) l'oxyde magnétique (magnétite Fe^3O^4), a l'aspect et la couleur du fer (abondant en Suède et Norvège); l'oxyde ferrique (Fe^2O^3), qui se rencontre sous la forme de cristaux brillants (fer oligiste), soit en masses fibreuses (hématite rouge), soit en masse terreuse (ocre rouge); l'hydrate ferrique (limonite, fer oolithique, hématite brune); le carbonate de fer (CO^3Fe) (fer spathique ou sidérose).

2. Principe de la métallurgie.

Tous ces corps sont mélangés à une gangue (silice, quartz, silicate d'aluminium...).

De ces minerais on retire le fer, la fonte, l'acier.

Le fer contient au plus 0,002 de carbone.

L'acier de 0,003 à 0,015.

La fonte de 0,020 à 0,050.

Pour extraire le fer, on suit deux méthodes.

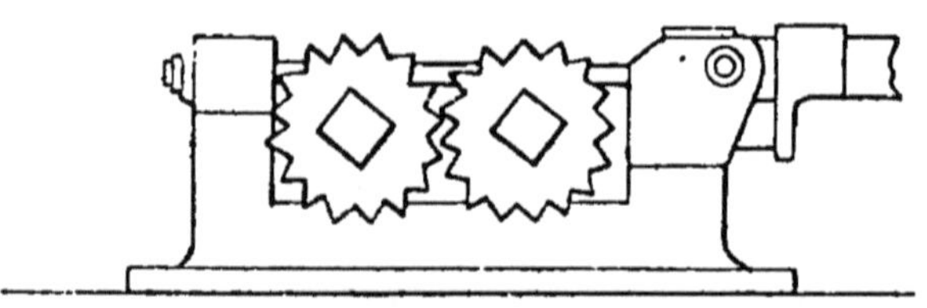

Fig. 66. — Cylindres pour écraser le minerai.

1° Méthode catalane.

Primitivement employée en Catalogne.

Dans une forge catalane, la partie essentielle est le creuset, formé d'un revêtement de briques réfractaires.

On y introduit un mélange de minerai et de charbon de bois allumé sans ajouter aucun fondant.

Fig. 66 *bis*. — Préparation du fer par la méthode catalane.

La combustion est entretenue par une tuyère par laquelle on souffle de l'air.

L'ouvrier, avec un ringard, remue la masse, qui prend nature et devient difficile à remuer.

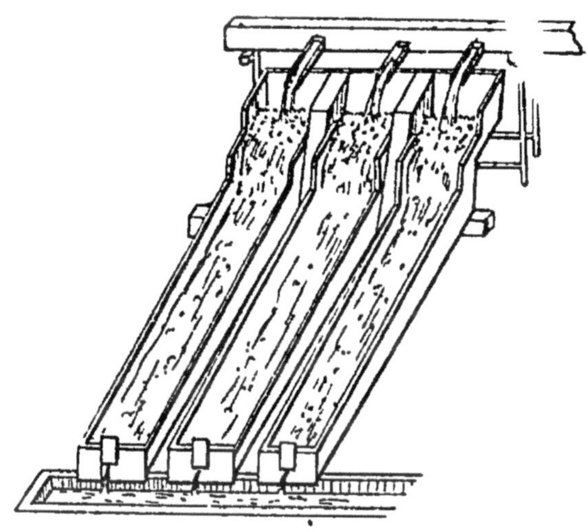

Fig. 66 *ter*. — Lavage du minerai.

L'ouvrier ramasse le produit, le porte sous un marteau.

La scorie est exprimée.

Le fer forme, sous l'action du marteau, une masse compacte :

$$Fe^2O^3 + 3C = Fe^2 + 3CO.$$

Le fer, au sortir du creuset, est à l'état d'éponge, car il est infusible à la température de la forge.

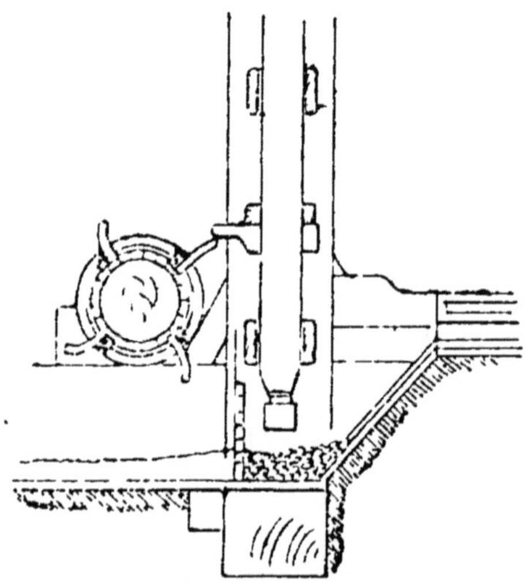

Fig. 67. — Bocard.

Ce fer est imprégné de silicate de fer (scories, qu'on chasse sous le marteau).

Procédé coûteux : on perd de 30 à 35 p. 100 de métal.

Il est vrai qu'on a du fer très estimé, car on n'emploie que du charbon de bois, qui est très pur.

2° *Affinage.*

Il consiste à soumettre la fonte en fusion à l'action de l'oxygène pour brûler le carbone et le silicium (le soufre et le phosphore ne s'enlèvent pas).

Le silicium s'oxyde le premier et donne un silicate de fer (avec l'oxyde ferreux formé) qui part avec les scories.

Le carbone s'oxyde par l'oxyde ferrique, qui cède son oxygène au charbon.

Deux méthodes d'affinage.

(A) *Affinage au petit four (procédé franc-comtois).*

Le combustible est le charbon de bois.

Le creuset (semblable à celui des forges catalanes) est fermé à sa partie supérieure par une plaque métallique.

On met le charbon allumé, et par une tuyère arrive de l'air qui entretient la combustion.

On met la fonte par-dessus, fond, tombe, les gouttelettes s'oxydent.

L'ouvrier remue les susbtances et sent la fluidité de la masse diminuer à mesure que le fer infusible se forme.

On porte la loupe sous un marteau qui chasse les scories. Il y a perte de 20 à 30 p. 100.

(B) *Puddlage.*

Se fait dans un four à réverbère sans contact entre le combustible et la matière.

Une plaque de fonte refroidie forme la sole ; on y met l'oxyde ferrique.

Le silicate de fer chauffé dans une atmosphère oxydante se dissocie.

L'oxyde ferreux devient ferrique.

Le puddleur remue sans cesse avec un ringard.

Quand la fluidité diminue, la loupe chaude est mise sous le marteau-pilon.

La scorie est exprimée.

On porte le fer au rouge blanc et on le soumet aux laminoirs.

On emploie quelquefois des fours tournants.

3. Propriétés du fer.

Les fers du commerce contiennent du soufre, du silicium, du phosphore, qui enlèvent la ténacité et le rendent cassant.

Le fer à **nerf** est presque pur (texture fibreuse, tenace, élastique).

Le fer à **grains** se rapproche de l'acier (plus dur, moins élastique).

Le fer réduit en lame donne la **tôle**.

Le fer fibreux se transforme en fer cristallisé (action des vibrations), qui, chauffé à blanc et martelé, reprend la texture fibreuse.

Réduisant par l'hydrogène l'oxalate de fer, on a le fer **réduit** (pur).

Le fer est gris. D = 7,86, — Magnétique, fond à 1600°. Élastique, tenace, malléable, ductile.

Au rouge laisse passer les gaz.

4. Propriétés chimiques.

Transformé en rouille par l'air humide; pour le préserver, on le recouvre d'un vernis (peinture au minium), ou d'une couche d'étain, de zinc, de nickel.

Le fer brûle dans l'oxygène en donnant Fe^3O^4.

Le chlore se combine directement avec incandescence au fer chauffé. Il donne Fe^2Cl^6.

Sert dans les constructions des maisons, des navires...

5. Fonte.

Préparée par la méthode des hauts fourneaux.

Fourneau à cuve, en briques réfractaires, sou-

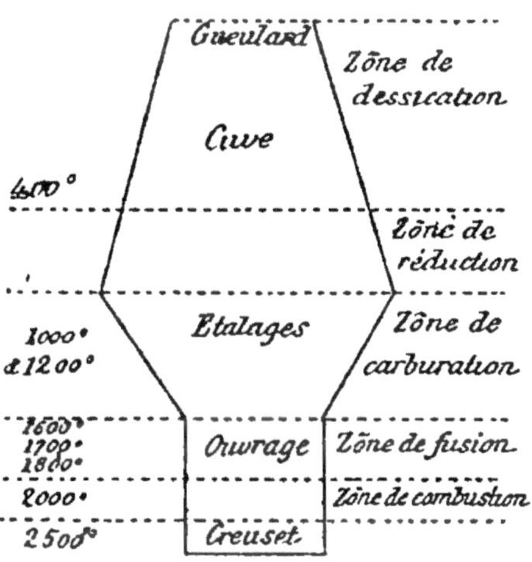

Fig. 68. — Coupe théorique d'un haut fourneau.

tenu par des armatures métalliques et des massifs en maçonnerie.

L'intérieur a la forme de deux troncs de cône réunis par la grande base.

On distingue la cuve, le ventre, les étalages, l'ouvrage.

Au-dessous, le creuset où se forme le laitier.

Fermé en avant par la dame, percée d'un trou (bouché avec de l'argile).

On introduit un fondant, dans le haut du fourneau.

On ajoute quelquefois de la castine (carbonate de calcium) ou de l'erbue (corps argileux), suivant la composition de la gangue.

Par couches alternatives on introduit dans le gueulard du minerai, du combustible, du fondant.

6. Remarque.

Près des tuyères il y a beaucoup de gaz carbonique, qui au-dessus est transformé en oxyde de carbone : $CO^2 + C = 2CO$.

Un peu plus haut on a de l'anhydride carbonique, et près du gueulard on a de l'oxyde de carbone.

7. Propriétés.

La température de fusion varie entre 1000 et 1200°, il y a la fonte blanche et la fonte grise.

On la rend malléable, en la chauffant au rouge.

8. Acier.

La concentration se fait dans des grands fours en briques, contenant des caisses en briques, où l'on met des couches alternatives de fer, de charbon de bois en poudre.

On les ferme hermétiquement.

On chauffe au rouge, pendant six à huit jours.

Fig. 69. — Four de concentration.

On laisse refroidir pendant quinze jours, on ouvre les caisses, on trie les barres d'acier.

Il n'a pas d'homogénéité; on l'emploie pour les ressorts de voitures.

9. Acier fondu.

La fusion se fait dans un **fourneau à vent.**

On y introduit les creusets, après quatre heures la fusion est terminée, on porte les creusets à la ligotière, on coule l'acier.

10. Acier puddlé.

Se produit par l'affinage incomplet de la fonte.

Il manque d'homogénéité.

Il est employé pour les rails...

11. Acier Bessemer.

On fait passer de l'air dans la fonte en fusion. On a de l'acier fondu.

La cornue qui sert à l'opération est en tôle

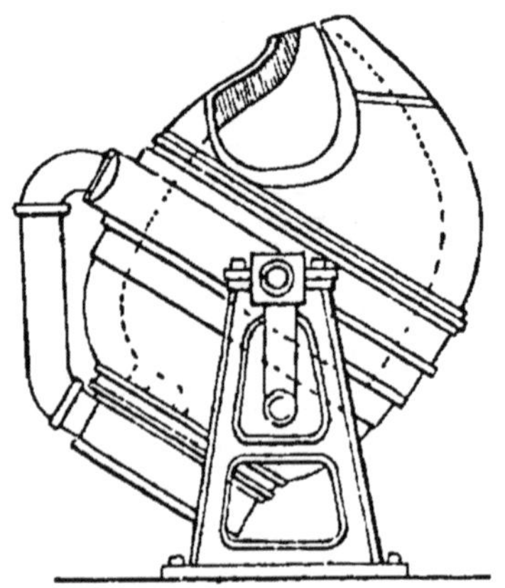

Fig. 70. — Convertisseur Bessemer.

garnie de terre réfractaire, mobile autour d'un axe.

La fonte sortant du haut fourneau est introduite à la partie supérieure.

L'air arrive à la partie inférieure par un tuyau qui passe dans l'axe.

On la remplit de coke incandescent.

On la vide, on y met la fonte fondue, on fait passer l'air, une flamme se produit, on ajoute du **spiegeleisen**.

On souffle l'air pendant une demi-minute.

On renverse la cornue et l'acier est reçu dans des poches munies de soupapes. On le coule.

12. Acier Martin-Siemens.

Se prépare dans les fours à chaleur régénérée.

Un mélange d'oxyde de carbone et d'hydrogène est brûlé dans le four.

Les gaz produits passent dans l'intérieur de massifs de briques qu'ils échauffent.

En changeant le sens des courants gazeux, ces massifs sont parcourus par le gaz combustible et par l'air.

Les produits de la combustion vont échauffer une autre partie de l'appareil.

13. Propriétés.

L'acier contient de 0,004 à 0,015 de C.

Gris. Cassure grenue.

Densité 7,6 à 7,9. — Fond à 1300°.

Les aciers **doux** (employés pour les canons, les rails...) se forgent et se soudent; les **aciers durs** se soudent à peine et se trempent.

Il est magnétique.

Il contient du silicium qui le rend cassant.

Le manganèse lui donne une qualité supérieure.

Plus tenace que le fer.

Le martelage augmente sa résistance.

Les propriétés varient avec la trempe, qui consiste à chauffer au rouge et à refroidir brusquement.

Il est alors dur, cassant, sans souplesse, et élasticité.

C'est le caractère essentiel de l'acier.

La trempe peut être détruite par le recuit (plonger l'acier dans des bains métalliques, plomb, étain) et laissant refroidir lentement.

Les instruments de chirurgie, les rasoirs, les outils pour travailler le fer, sont recuits à faible température.

Les scies, les ressorts de montre, les épées, à une température élevée.

Les couteaux... à une température intermédiaire.

14. Remarque.

La couleur de l'acier fait connaître la température du recuit :

Jaune paille : 220° (bistouris, rasoirs);

Jaune d'or : 240° (canifs);

Brun : 255° (ciseaux, bêches);

Pourpre : 265° (couteaux, haches);

Bleu clair : 285° (épées, ressorts de montre);

Bleu foncé : 295° (poignards);

Bleu très foncé : 315° (scies à main).

L'acier trempé dans l'huile est employé pour les canons.

L'acier damassé est employé pour les épées.

§ II

PLOMB

1. État naturel.

Sulfure de plomb (**galène**), carbonate de plomb (**cérusite**).

2. Extraction.

S'extrait de la galène.

Si la gangue est siliceuse, on chauffe dans un four à cuve, avec du fer :

$$PbS + Fe = FeS + Pb$$

(**méthode par réduction**).

Si la gangue n'est pas siliceuse, on emploie la méthode **par réaction**.

Le minerai est grillé à l'air dans un four à réverbère.

L'oxydation est complète à la partie supérieure.

On a :

$$PbS + O^4 = SO^4Pb \quad PbS + O^3 = PbO + SO^2.$$

On intercepte l'arrivée de l'air.

On mélange les diverses parties de la masse.

Le sulfure non attaqué réagit :

$$SO^4Pb + PbS = 2Pb + 2SO^2,$$
$$2PbO + PbS = 3Pb + SO^2.$$

Si le minerai est argentifère, on le soumet à la

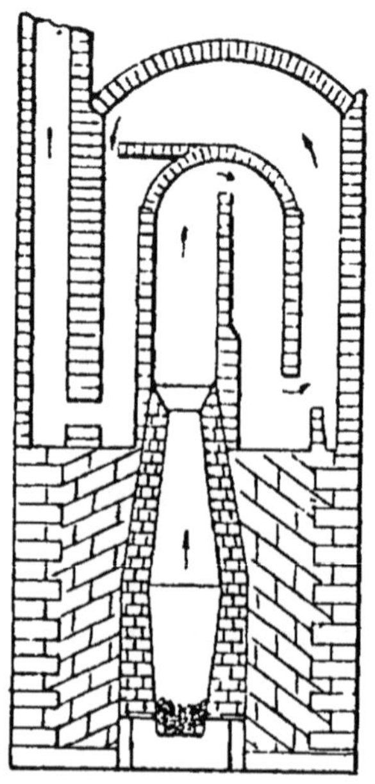

Fig. 71. — Four à cuve pour le traitement de la galène par le fer.

coupellation, qui se fait dans un four à réverbère dont la voûte est un chapeau mobile.

Sur la sole arrivent la flamme et un courant d'air.

Le plomb fond.

Les métaux étrangers donnent des crasses qu'on enlève.

Le plomb s'oxyde après (litharge), on le recueille et l'argent fondu apparaît brillant (phénomène de l'éclair).

La litharge traitée par le charbon donne le plomb.

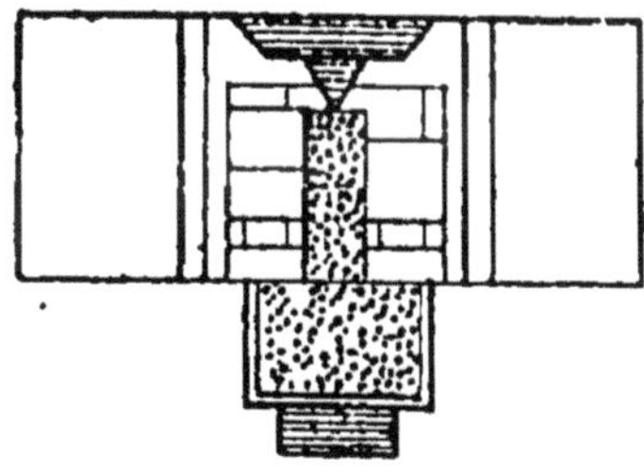

Fig. 71 *bis*. — Détail du four à cuve.

3. Propriétés.

Solide, blanc, brillant. D = 11,37 — Fond à 335.

Fig. 72. — Coupellation du plomb argentifère.

Se vaporise à 1040.

Malléable, ductile, peu tenace, mou, rayé par l'ongle, laisse sur le papier une trace brillante.

S'oxyde facilement et à la surface.

Se dissout un peu dans l'eau distillée.

Attaqué par le chlore et le soufre.

Difficilement par l'acide chlorhydrique, même à chaud.

Fig. 73. — Four à réverbère pour le traitement de la galène par grillage et réaction.

Par l'acide azotique (AzO^3H) à froid.

4. Usages.

Sert aux toitures, à fabriquer des tuyaux, à faire des projectiles pour les armes à feu.

S'allie avec l'étain et avec l'antimoine.

Entre dans la composition des caractères d'imprimerie.

§III

CUIVRE

1. État natif.

Se rencontre dans l'Amérique du Nord (cuprite, Cu^2O ; chalcosine, Cu^2S), chalcopyrite, Cu^2S, Fe^2S^3 ; l'azurite, $2Co^3Cu + Cu (HO)^2$, la malachite, $CO^3Cu + Cu (OH)^2$.

2. Préparation par les pyrites cuivreuses.

Elles donnent, par le grillage, des produits volatils.

Fig. 74. — Grillage de la pyrite cuivreuse.

Le soufre se dégage en acide sulfureux.
Les autres métaux passent à l'état d'oxydes.

L'oxyde de cuivre en contact avec l'oxyde de fer et la silice donne à haute température du sulfure de cuivre et de l'oxyde de fer, qui donne un silicate fusible.

Méthode galloise.

En Angleterre, on emploie des fours à réverbères. On mêle au sulfure grillé de l'oxyde et du carbonate de cuivre.

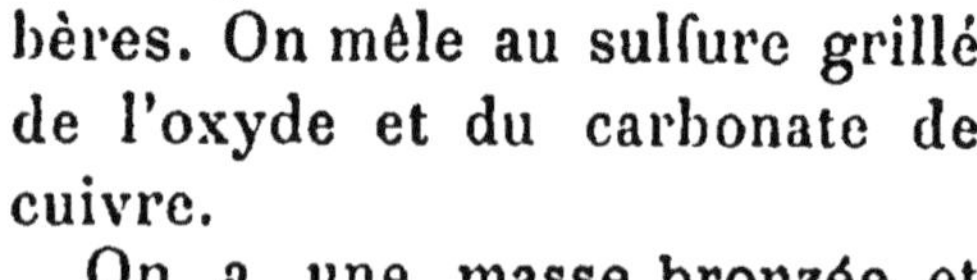

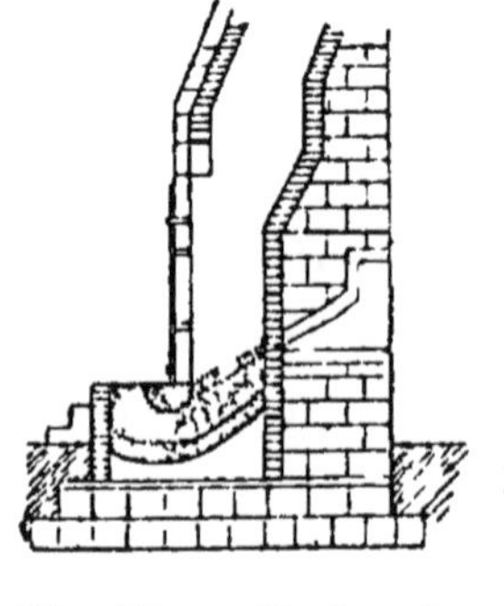

Fig. 75. — Fusion de pyrite grillée avec la matières siliceuses.

On a une masse bronzée et une masse blanche, et dès la troisième opération du cuivre brut, plus riche que le cuivre noir.

3. Raffinage.

On expose le cuivre noir en fusion (sur la sole d'un four à réverbère) à un courant oxydant.

On mêle avec de l'argile et du charbon.

On enlève la scorie, on jette un peu de poudre de charbon sur la surface du bain, on brasse avec du bois vert.

On cesse quand le métal se travaille au marteau sans gerçure.

4. Liquation.

Elle sert à retirer l'argent du cuivre noir, quand le minerai est argentifère.

On mêle du plomb au cuivre fondu, et l'on refroidit brusquement.

On obtient ainsi un mélange des trois métaux (Cu, Pb, Ag).

On réchauffe lentement, et le plomb s'écoule entraînant avec lui l'argent.

5. Cuivre pur.

Réduire un sel de cuivre par du fer, laver le cuivre précipité, fondre avec du borax dans un creuset.

6. Propriétés.

Métal rouge — prend un beau poli — odeur particulière et désagréable.

D = 8,8. Le cuivre écroui est dur, élastique.

Fond à 1150°.

La vapeur brûle avec une flamme verte.

Ductile, malléable, tenace, bon conducteur.

Sert à faire des récipients (martelage, repoussé), employé pour les chaudières, alambics, câbles électriques, etc.

7. Propriétés chimiques.

Ne s'altère pas à l'air sec, mais s'altère à l'air humide, ou en présence d'un acide.

Se recouvre d'une couche verdâtre (vert-de-gris) qui, se produisant sur le bronze, le protège.

Forme des sels **vénéneux**, et pour les éviter on étame les ustensiles de cuisine.

Attaque AzO^3H très étendu.

Non vénéneux à l'état métallique.

Le contrepoison des sels est l'albumine ou la limaille de zinc, ou le fer réduit par l'hydrogène.

8. Usages.

Sert au doublage des navires, constitue des alliages fusibles.

Les épingles sont en laiton et blanchies (c'est-à-dire étamées).

IV

ÉTAIN

1. État naturel.

En Angleterre, on trouve la **cassitérite** (ainsi qu'aux Indes, en Saxe, à Banca, à Malacca) dans les filons qui traversent les roches granitiques.

Il y en a en France.

2. Traitement mécanique.

Le minerai est trié, bocardé, lavé, puis grillé, puis de nouveau bocardé, lavé.

Il ne reste que le bioxyde d'étain plus dense que les matières étrangères.

3. Traitement chimique.

Fig. 76. — Four à manche.

Le bioxyde d'étain, mêlé avec du charbon de bois, est chauffé dans **un four à manche.**

L'oxyde est réduit.

L'étain devient liquide.

On l'agite avec du bois vert.

On décante les crasses, on coule le métal, qui contient Cu, Fe, As, Pt, Sb.

4. Affinage.

On le réchauffe (lentement) sur la sole d'un four à réverbère et sous une couche de charbon.

L'étain fond, coule hors du fourneau.

On l'a chimiquement pur en réduisant dans un creuset brasqué le bioxyde d'étain par du charbon.

5. Propriétés physiques.

Métal blanc. Odeur désagréable.

Fond à 228° sur une feuille de papier placée sur une tôle chauffée en dessous.

Pas volatil. — Densité 7,3.

Cristallise par refroidissement.

A —40 il perd son éclat, devient gris, augmente de volume.

Flexible, fait entendre un cri.

Malléable; ne s'écrouit pas.

6. Propriétés chimiques.

Ne s'altère pas à l'air froid.

Chauffé à 220° il s'oxyde à la surface, se combine avec presque tous les métalloïdes, décompose H^2O au rouge.

Se dissout sensiblement, chauffé avec H^2O, NaCl et vinaigre.

7. Usages.

Sert à faire des bronzes et des alliages ; des plats, des couverts, à envelopper le chocolat, le thé ;

Étamer les vases en cuivre, en fer, mais donne aux aliments un goût de poisson.

Le fer-blanc s'obtient en décapant la tôle, en la plongeant dans SO^4H^2, en la frottant ensuite avec du sable, pour la plonger dans du suif fondu, et enfin dans un bain d'étain recouvert de suif.

Si on lave le fer-blanc avec une dissolution de HCl et de AzO^3H, on a le moiré métallique.

§ V

ZINC

1. État naturel.

Se trouve en Belgique (calamine) et en Prusse (blende).

2. Métallurgie.

On calcine la calamine :

$$CO^3Zn = CO^2 + ZnO,$$

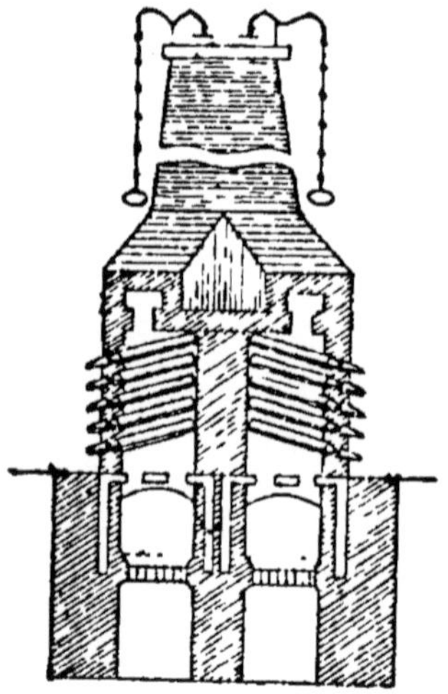

Fig. 77. — Extraction du zinc. (Méthode belge.)

ou bien on grille la blende à l'air :

$$ZnS + O^3 = ZnO + SO^2.$$

On chauffe avec du charbon, en vase clos, l'oxyde de zinc :

$$ZnO + C = Zn + CO.$$

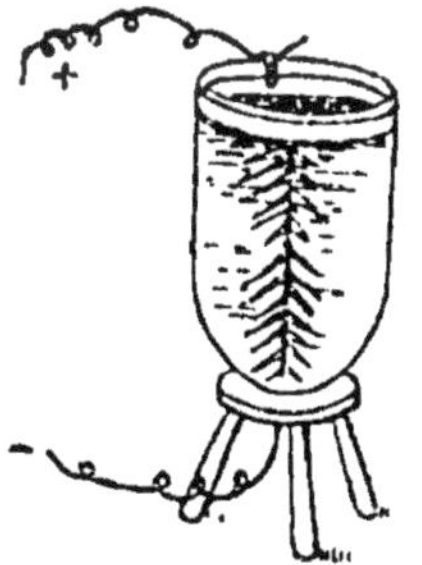

Fig. 77 *bis*. — Préparation du zinc cristallisé.

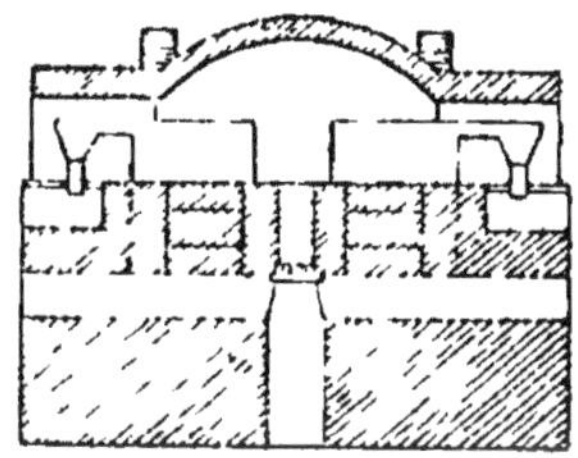

Fig. 78. — Extraction du zinc. (Méthode silésienne.)

A Aix-la-Chapelle, le minerai mêlé au combustible est introduit dans des cornues réfractaires disposées dans des fours spéciaux.

Ces cornues sont des cônes creux en terre à étroite ouverture.

En Silésie, en Angleterre, on emploie la distillation per descensum.

Fig. 79. — Détail des cylindres et des cônes pour la condensation des vapeurs de zinc.

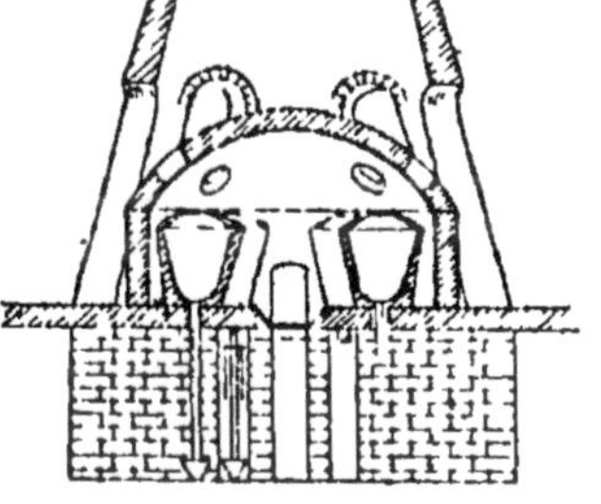

Fig. 80. — Extraction du zinc. (Méthode anglaise.)

3. Propriétés.

Solide, blanc bleuâtre.

$D = 7{,}15$. — Fond à 412° ; bout à 1040. — Malléable, ductile, peu tenace.

Attaqué par l'air seulement à la surface.

Ses vapeurs brûlent et donnent la blende de zinc.

Avec le cuivre il donne le laiton; avec SO^4H^2 et HCl on a :

$$Zn + SO^4H^2 = SO^4Zn + H^2,$$
$$Zn + 2HCl = ZnCl^2 + H^2.$$

Se dissout dans les alcalis.

4. Usages.

Laminé en feuilles, sert à la couverture des maisons.

On l'emploie pour galvaniser le fer, pour les piles, pour le maillechort (Zn, Cu, Ni).

§ VI

ALUMINIUM

1. Préparation.

Découvert en 1827, s'obtient en décomposant le chlorure double d'aluminium et de sodium par le sodium :

$$Na^2Cl^2Al^2Cl^6 + Na^6 = 8NaCl + Al^2$$

(procédé de Sainte-Claire Deville).

On décompose encore son chlorure par la pile.

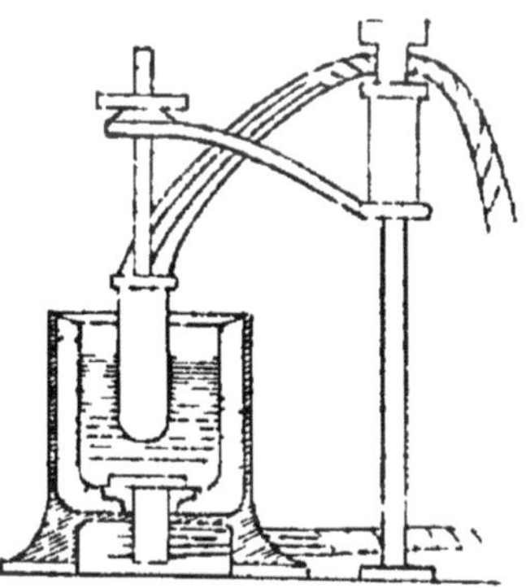

Fig. 81. — Four pour la fabrication de l'aluminium.

2. Propriétés.

Solide, blanc, brillant.

Densité 2,6. — Fond à 600°.

Malléable, ductile, tenace, sonore, inaltérable.

Le chlore et sa famille, le silicium et le bore l'attaquent.

Le soufre, le carbone, l'azote ne l'attaquent pas.

Soluble dans HCl.

Donne avec le cuivre le bronze d'aluminium.

3. Usages.

Sert à fabriquer des objets légers, armatures de moteurs électriques.

Le bronze d'aluminiun est employé à la confec-

Fig. 81 *bis*. — Passage de l'alumine à travers un filtre.

tion des couverts, de boîtiers de montre, de coussinets de machines.

§ VII

ALLIAGES

1. Propriétés générales.

Les métaux ont peu d'affinité les uns pour les autres.

Ils forment de nombreux composés (**alliages**).

Ceux qui renferment le mercure sont des **amalgames**.

Fondons séparément des métaux; mélangeons les liquides obtenus, laissons refroidir.

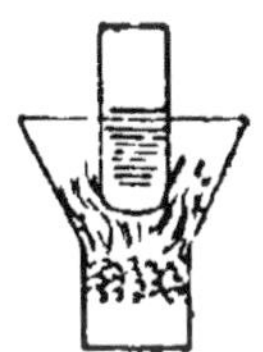

Fig. 82. — Préparation d'un alliage au creuset.

Ils se divisent en deux couches et les métaux sont au moins en partie isolés.

La partie qui se solidifie la première contient le métal le plus fusible, etc. (phénomène de la **liquation**).

Pour l'éviter : comprimer l'alliage pendant le refroidissement.

C'est ainsi qu'opèrent les fabricants de canons.

La liquation sert à séparer un métal des autres, à affiner les métaux, à transformer le bronze des cloches en bronze des canons.

Ils constituent des **métaux nouveaux**.

L'or ou l'argent alliés au cuivre donnent des métaux très résistants.

Le cuivre et l'étain donnent le bronze, dont les propriétés varient avec la porportion d'étain (canons, cloches, tamtams).

2. Constitution des alliages.

Il existe (on l'admet) des combinaisons définies de métaux.

Les alliages sont des dissolutions de ces combinaisons dans un excès de l'un des métaux.

Projetons des fragments de sodium Na dans du mercure Hg légèrement chauffé : il y a dégagement de chaleur et de lumière.

L'amalgame se prend en aiguilles brillantes.

Employons une faible quantité de sodium Na, on a du mercure pâteux.

Filtrons au travers d'une peau de chamois, le mercure passe, l'amalgame reste.

Les propriétés d'un alliage varient avec la proportion des métaux.

3. Propriétés.

La couleur d'un alliage résulte de celle des métaux employés.

Le laiton (jaune) provient du cuivre (rouge) et du zinc (blanc).

La densité d'un alliage est souvent la moyenne des densités des métaux.

Quelquefois il y a contraction.

Les alliages sont plus durs que les métaux :

Le cuivre rend plus durs l'or et l'argent ;

La fonte et l'acier sont plus durs que le fer ;

L'alliage de fer et d'antimoine (alliage **Réaumur**)

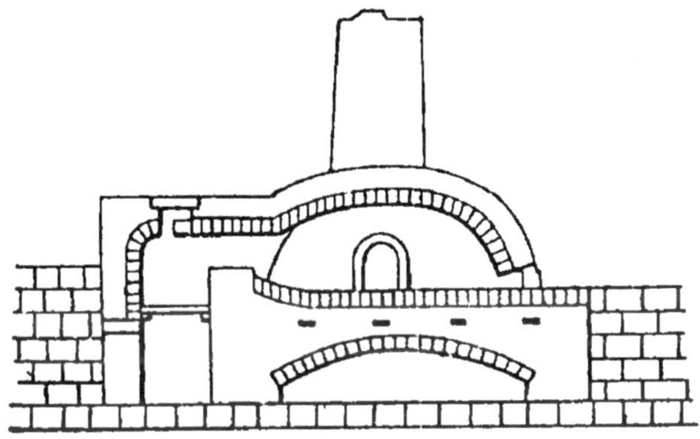

Fig. 82 *bis*. — Four pour la préparation des alliages.

donne des étincelles sous le choc.

La trempe modifie la dureté et la malléabilité.

Trempé dans l'huile, l'acier devient élastique ; dans l'eau, dur.

Les alliages sont plus fusibles que les métaux (alliage de **Darcet** fondant dans la vapeur d'eau).

Quand on chauffe un alliage, les métaux se dégagent par ordre de volatilité.

4. Propriétés chimiques.

Chauffons un alliage en présence de l'air ; les métaux s'oxydent dans leur ordre d'oxydation.

Le principe de la **coupellation** (séparation de

l'argent des métaux étrangers) repose sur ce fait.

Remarquons que le laiton s'oxyde à l'air moins que le cuivre, l'alliage de plomb et d'étain plus que le Pb.

Les acides attaquent les métaux d'un alliage d'après leur ordre, en général, de facilité à la combinaison.

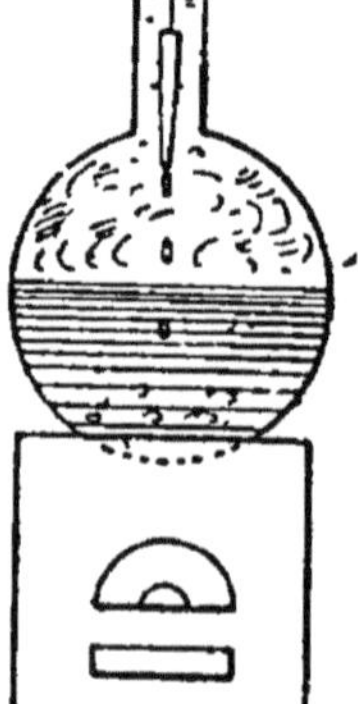

Fig. 82 *ter.* — Alliage de Darcet.

L'alliage de platine et d'iridium est inattaquable à l'eau régale.

5. Préparation.

1° Fondre ensemble les métaux dans un creuset en répandant à la surface de la poudre de charbon.

2° Si l'un des métaux est volatil, on fait fondre les métaux peu volatils et on ajoute en excès le métal volatil.

3° Pour un amalgame on chauffe légèrement le mercure et on projette par petits morceaux les métaux à amalgamer.

§ VIII

PRINCIPES DE THERMO-CHIMIE

1. Principe du travail moléculaire.

La quantité de chaleur dégagée dans une réaction mesure la somme des travaux physiques et chimiques accomplis dans cette réaction.

Exemple : 1 gr. d'H et 35 gr. 5 de Cl donnent 36 gr.5 d'HCl en dégageant 22 calories.

La chaleur de combinaison de HCl est 22 calories.

Cette chaleur mesure l'affinité des gaz les uns pour les autres.

2. Équivalence calorifique des transformations chimiques.

Si un système de corps (simples ou composés), ris dans des conditions déterminées, éprouve des hangements physiques ou chimiques, capables de amener à un nouvel état, sans donner lieu à aucun ffet mécanique extérieur au système, la quantité e chaleur dégagée ou absorbée par l'effet de ces

changements dépend uniquement de l'état initial et de l'état final.

Elle est la même quelles que soient la nature et la suite des états intermédiaires.

Exemples : 12 gr. de C et 32 gr. d'O donnent 44 gr. de CO^2 et dégagent **94** cal. 12 gr. de C et 16 gr. d'O donnent 28 gr. de CO et dégagent 25c,8. Ces 28 gr. de CO avec 16 gr. d'O donnent 44 gr. de CO^2 et dégagent 68c,2. On a :

$$25^c,8 + 68,2 = 94.$$

3. Principe du travail maximum.

Tout changement chimique accompli sans l'intervention d'une énergie étrangère tend vers la production du corps ou du système de corps qui dégage le plus de chaleur.

Ces principes ont été énoncés par M. Berthelot.

APPENDICE

1. Carbures d'hydrogène.

L'acétylène (C^2H^2) résulte de la combinaison directe du carbone et de l'hydrogène, sous l'in-

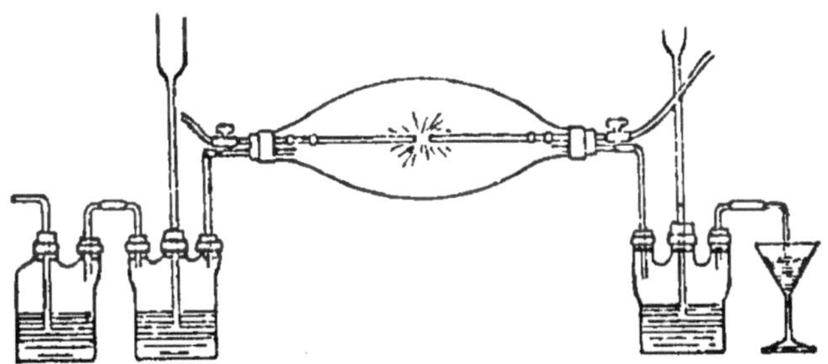

Fig. 83. — Préparation de l'acétylène.

fluence de l'arc électrique se produisant dans l'hydrogène (Berthelot).

Il se produit dans la décomposition par la chaleur des carbures, éthers...

Gaz incolore, odeur désagréable. D $=$ 0,92. Peu soluble dans l'eau.

Chauffé sur du mercure se transforme en benzine (C^6H^6).

L'éthylène (C^2H^4) s'obtient en chauffant un mélange d'alcool et d'acide sulfurique.

Gaz incolore, odeur empyreumatique. D = 0,97. Soluble dans l'alcool, peu dans l'eau.

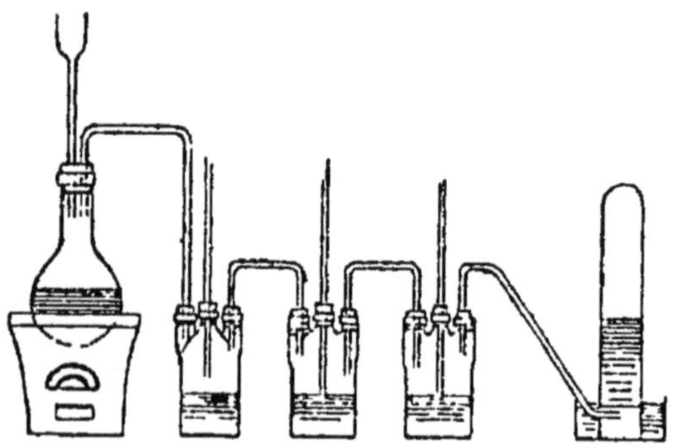

Fig. 84. — Préparation de l'éthylène.

Bout à 100°.

Le gaz des marais (formène, méthane, CH^4) se dégage de la vase des marais.

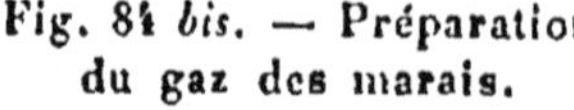

Fig. 84 *bis*. — Préparation du gaz des marais.

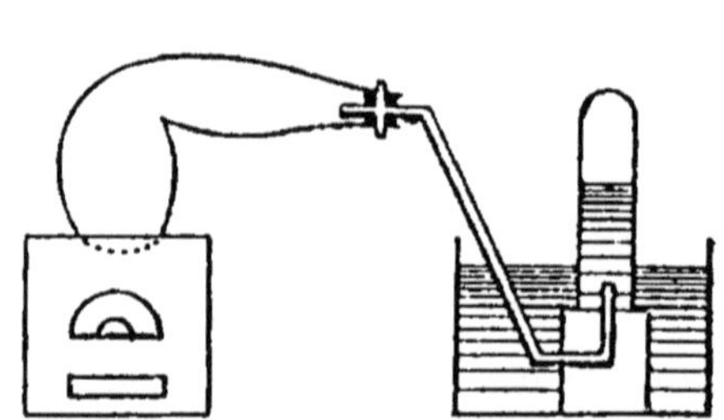

Fig. 84 *ter*. — Préparation du méthane dans les laboratoires.

On le prépare par la réaction :

$$C^2H^3O^2Na + NaOH + CO^3Na^2 + CH^4.$$

Gaz incolore, inodore. — D = 0,559.

Peu soluble dans l'eau.
Difficile à liquéfier.

2. Graphite.

Se trouve dans les terrains primitifs (France, Angleterre, Espagne, Sibérie). D = 0,2,2.
Bon conducteur.

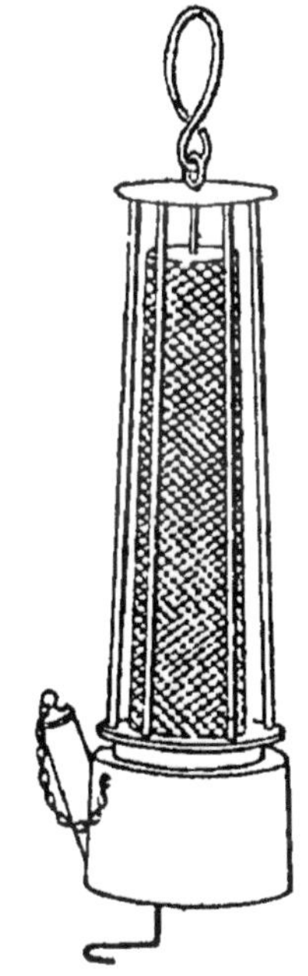

Fig. 85. — Lampe Davy.

Rayé par l'ongle, laisse sur le papier une trace grise.
Sert à fabriquer les crayons (plombagine, mine de plomb).
Employé dans la galvanoplastie.

Le graphite et le diamant sont des charbons naturels.

Tous les autres sont dits artificiels.

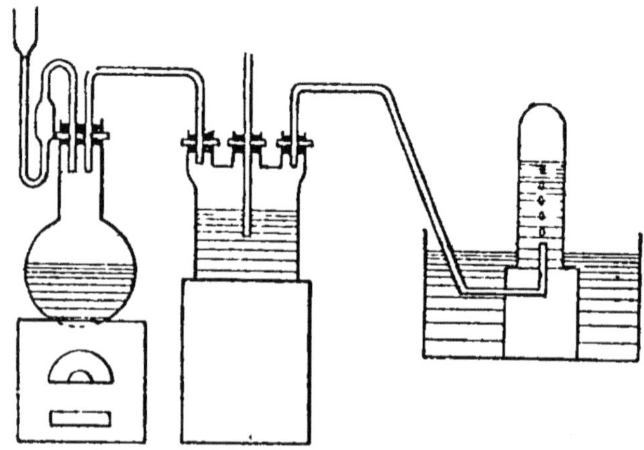

Fig. 85 *bis*. — Préparation de l'acide carbonique.

3. Oxyde de carbone (CO).

Se prépare soit en désoxydant l'anhydride car-

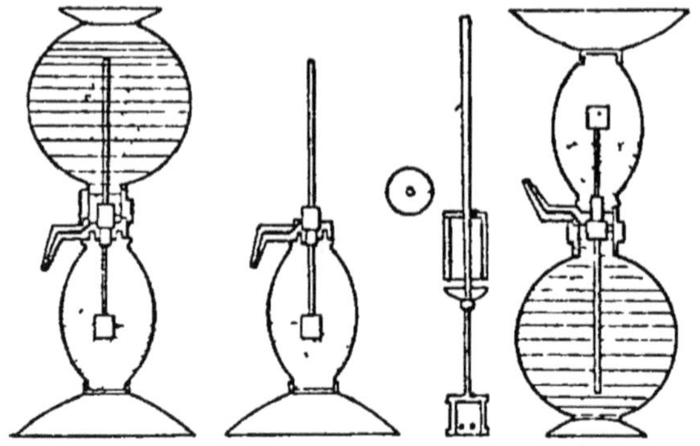

Fig. 86. — Siphon pour la préparation de l'eau de Seltz.

bonique, soit en décomposant certaines matières

organiques ou le ferrocyanure de potassium (CO^2HK).

Gaz incolore, inodore, vénéneux :

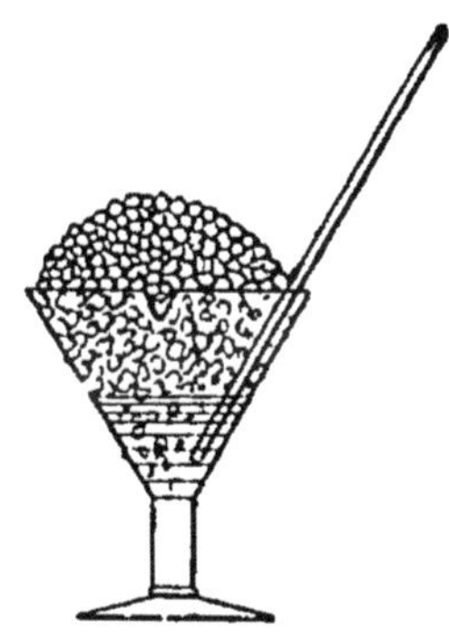

Fig. 86 *bis*. — Dégagement d'acide carbonique de fragments de craie.

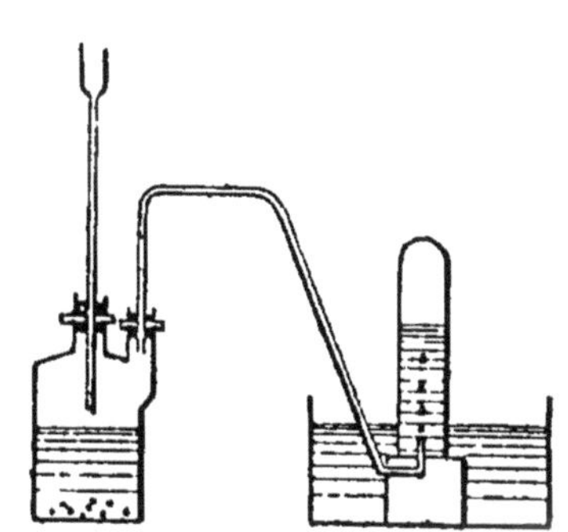

Fig. 87. — Préparation de l'oxyde de carbone.

Absorbé par les globules du sang qui ne peuvent plus s'hématoser.

Liquéfié en 77 par Cailletet. D = 0,97.

Peu soluble dans l'eau.

4. Anhydride carbonique Co^2.

S'obtient directement au moyen de l'oxyde de carbone.

Indirectement au moyen de carbonates (le plus souvent carbonate de calcium traité par l'acide chlorhydrique).

Gaz incolore, saveur acide, odeur piquante, impropre à la respiration, non vénéneux.

D = 1,53 (très lourd). Liquéfié par Thilorier.

5. Flamme.

C'est un gaz ou une vapeur en combustion. Dans

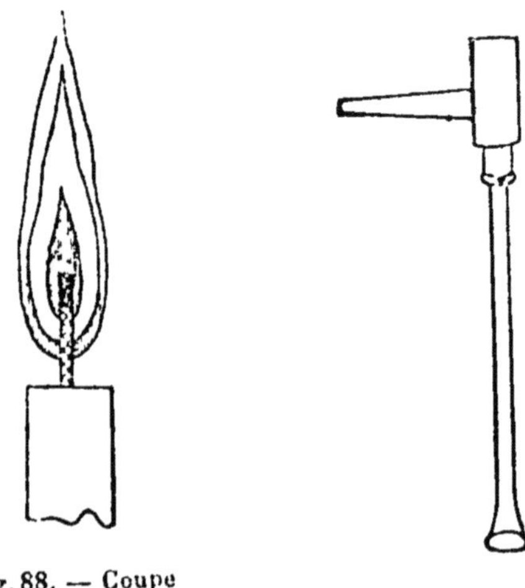

Fig. 88. — Coupe théorique de la flamme.

Fig. 88 *bis*. — Chalumeau.

une flamme on distingue l'aspect, l'éclat, la température, qui varient d'une flamme à l'autre.

L'éclat provient de la présence de corps solides

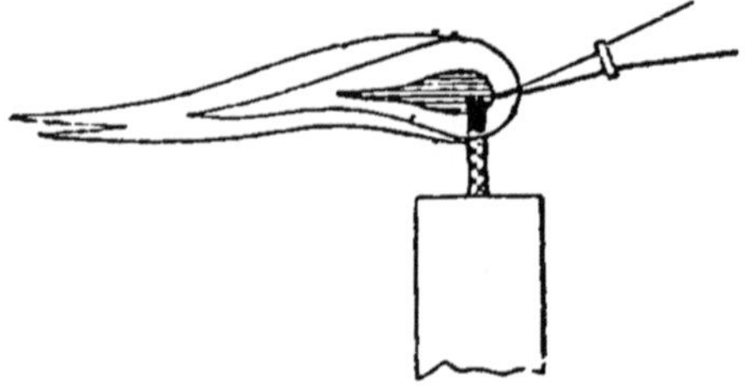

Fig. 88 *ter*. — Flamme modifiée par le chalumeau.

dans la vapeur, et qui sont portés à l'incandescence.

La pression donne de l'éclat aux flammes (chalumeau à gaz, oxygène et hydrogène).

La température dépend de la chaleur dégagée par le combustible, et de la chaleur perdue par rayonnement.

La flamme de l'hydrogène est très chaude.

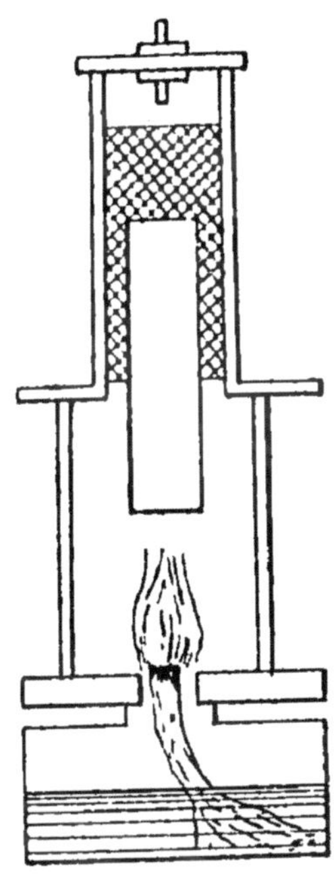

Fig. 89. — Lampe Combes.

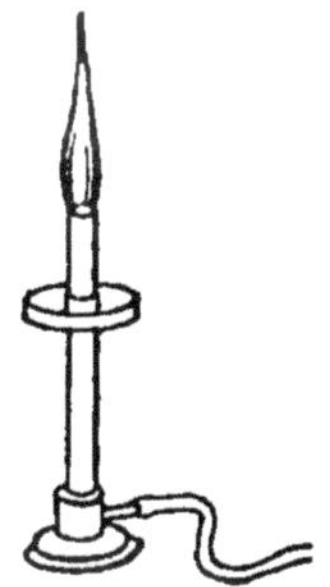

Fig. 90. — Bunsen.

Une flamme présente en général trois zones distinctes :

1° Autour de la mèche, une zone sombre, peu chaude ;

2° Cette partie est entourée d'une zone brillante qui constitue la partie éclairante de la flamme.

Enfin une 3e enveloppe peu colorée (jaune vers le haut, bleue vers le bas) constitue la partie chaude de la flamme.

FIN.

11

TABLE DES MATIÈRES

TABLE DES MATIÈRES

§ I

Préliminaires

§ II

Nomenclature

PREMIÈRE PARTIE

MÉTALLOIDES

§ I

Oxygène, combustion, corps oxydants.

§ II

Hydrogène, applications, réduction, corps réducteurs.

§ III

Carbone, combustibles, notions sur les matières organiques, leur décomposition par la chaleur, carbonisation.

§ IV

Connaissances usuelles sur l'eau.

§ V

Notions usuelles sur l'air.

§ VI

Désinfectants.

§ VII

Soufre.

§ VIII

Acides sulfureux et sulfurique.

§ IX

Chlore.

§ X

Acide chlorhydrique.

§ XI

Azote, acide azotique, ammoniaque.

§ XII

Phosphore.

DEUXIÈME PARTIE

MÉTAUX

§ I

Fer, Fonte, Acier, Métallurgie du fer.

§ II

Plomb.

§ III

Cuivre.

§ IV

Étain.

§ V

Zinc.

§ VI

Aluminium.

§ VII

Alliages.

§ VIII

Principes de thermochimie.

Appendice.

R.F

Coulommiers. — Imp. Paul BRODARD. — 348-97.

www.ingramcontent.com/pod-product-compliance
Ingram Content Group UK Ltd.
Pitfield, Milton Keynes, MK11 3LW, UK
UKHW022054190726
13855UKWH00002B/492